suncolor

suncolor

穀倉效應

THE SILO EFFECT

為什麼分工反而造成個人失去競爭力、
企業崩壞、政府無能、經濟失控？

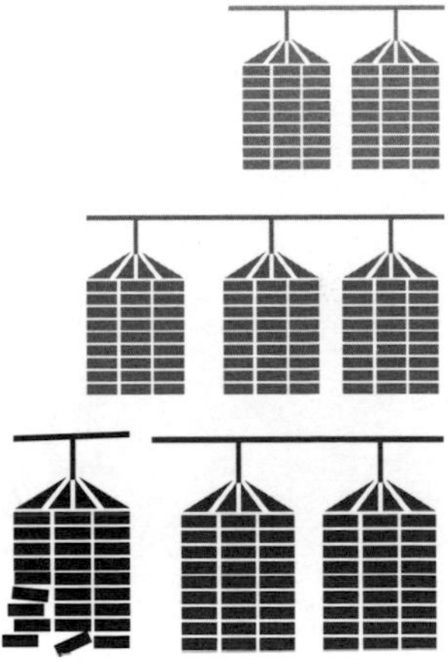

Gillian Tett
吉蓮・邰蒂／著
林力敏／譯

suncolor
三采文化

目錄

CONTENT

目錄
CONTENT

part 2 破除穀倉

推薦序

不讓分工變分功，穀倉的門就開了

——群邑媒體／聯廣傳播集團董事長 余湘

在此之前，我沒聽說過穀倉效應，乍聽，還以為與糧食危機有關。但沒想到雖然與糧食無關，卻和所有工作者息息相關。因為忽略穀倉效應，也許將面臨企業分崩離析，甚至失去工作、沒錢吃飯的風險。說到底，還是與糧食有關了。

相信大部分的人都和我一樣，堅信必須分工合作才能發揮組織的最大效應，畢竟人多事雜，沒有分工，很難有效率的工作。這麼多年來，即使分工合作並未每次都奏效，但因為習慣，沒有人會質疑有些問題居然是因為分工所造成的。就像索尼（Sony），因為分工過細造成相互競爭，直到多年後，他們才意識到問題在哪裡。而這本書的出現，無疑為企業、政府單位，以及所有中大型組織，敲了一記醒鐘，讓大家在危機發生前，能先檢視內部是不是已經產生穀倉效應。

分工不是不好，多年來，分工讓我們漂亮的完成工作。因為術業有專攻，分工再合作，確實是處理大量資訊、大宗案件最有效率的工作方式。之所以會出問題，那是由於部門與部門間缺乏橫向溝通的關係。而不溝通的原因，在我看來都是因為人性。

分工過細，部門過多，會造成彼此競爭，往好的想，良性競爭有助企業發展，也是好事。但難免也會有競爭過度，反而壞事。分工，就會擔心被分功，人人都想有表現，於是手中握有的資訊就不想交給別人，只想獨占，反而形成人力資源上的浪費，多做無益的事。索尼就是因為這樣，才會在同一年推出相互打對臺的商品，一步步被自己打敗。甚至當年九一一的恐怖攻擊，也因為資訊沒有及時分享，才會發生悲劇。

大則恐怖攻擊、經濟體系，小則一家公司的繁榮興盛，穀倉效應的影響真的很深遠。所以如何打開穀倉大門，是我們未來需要學習的。寫到這裡，我想起一些企業的做法，雖然不是有意識地要解決穀倉問題，但確實也發生不錯的功效，說不定可以給大家借鏡。Google的辦公室相當人性化，除了有個人娛樂、紓壓用的設施，他們也設置很多好玩有趣的公共區域，讓同事之間關係更融洽，溝通自然無礙。

當分工不會讓人擔心被分功，或搶功時合作自然水到渠成，部門之間也不會像穀倉一

樣，各自獨立互不往來了。穀倉效應雖然是近幾年的歐美趨勢，但我想，不用多久一定會被大家所注意，畢竟它解釋了許多我們一直不解的問題，未來也將致力於如何消除它，所以趁現在做點功課吧！

推薦序

打破分工藩籬，才能不被機器取代，創造新價值

——Camp Mobile 台灣總經理　邱彥錡

先講結論：創新很重要，本書從心理與人類學出發分享許多具體破除穀倉的例子與方法。值得細細一讀、再讀！

在過去十年內，我們已見證許多國際大企業、昔日產業龍頭遇到倒閉危機、面臨轉型挑戰，旁人解讀最大的關卡似乎來自外界環境快速的變化，然而本質上真正的考驗是企業內部運作機制僵化與停止創新。「習慣」，是我們最大的敵人。

一個企業生命週期始於創始人，開始擁有首批新創團隊，隨業務擴張開始招募新人、組織擴編、進入穩定成熟期，當組織規模增加，每個人將被賦予更多的「企業部門規則」與「精緻分工責任」。我們發現愈來愈多的職缺無法透過文字清楚的描述，除了校園內跨科系

整合團隊愈來愈多元外，更多社會技能的培養來自學校以外。既然標準化的工作愈來愈少，責任又怎麼被具體釐清呢？

本書透過國際知名企業的實務經驗分享，說明穀倉是如何拖累創新，造成企業衰亡。更以知名社群公司為例，說明如何在一百五十人（鄧巴數字：表示人類團體適宜人數上限為一百五十人，見第六章）中凝聚大家的目標價值觀，透過活動設計讓大家享受「協助他人成功」所帶來的成就感。企業是由「人」所組成，我認為，世界上不存在永恆的「成功管理模式」，但組織價值觀卻是驅動企業同仁共同前進的重要動力。

精緻個人化分工勢必終將被機器取代，跨部門深層溝通、協同合作才能創造新的價值。我們期許能創造永續經營的企業與團隊，慢慢將責任切割到各團隊、甚至個人，殊不知其實當大家都不願意承擔風險，才是企業真正的風險。打破分工藩籬，敞開穀倉大門。

作者的話

二〇〇八年金融海嘯，讓我看到非關金融的問題

二〇〇八年金融海嘯期間，我著手撰寫本書，但內容跟金融無關，遠遠無關，而是追問一個基本問題：**為什麼現代企業的員工有時合作得很糟糕？為什麼平時聰明的高手看不到明顯風險與機會？為什麼正如以色列裔美國心理學家丹尼爾・康納曼（Daniel Kahneman）所言，我們有時「盲目於自己的盲目」**[1][①]？

我在二〇〇七至二〇〇八年時常拿這個問題問自己。當時我在倫敦當記者，管理《金融時報》（*Financial Times*）的市場團隊。當金融海嘯爆發，我們試著釐清禍首，發現許多潛在肇因：二〇〇八年前，銀行業者冒險濫放房貸，濫用金融資產，製造巨大泡沫；主管機構不了解現代金融體系的運作方式，並未看見危機；中央銀行與政府向金融業者提供錯誤的金融

①本書以1234標示者為參考文獻，統一放置書末。

獎勵；消費者不問自身還債能力高低，樂於冒險積欠卡債與房貸；信評機構誤判風險程度。

後來我以記者身分深入探究金融海嘯的脈絡，並把研究結果寫成《瘋狂的金錢》（*Fool's Gold*）一書[2]，指出金融海嘯有另一個禍首：現代金融體系出奇的過度分工，內部組織、合作模式與想法思維都出現問題。專家常把某個理論掛在嘴邊，那就是全球化與網路正在創造一個無縫接軌、彼此相連的世界，市場、經濟與個人比先前更緊密，一體化正在進行。

可是當我探究金融海嘯以後，卻發現各大銀行的不同金融團隊各行其是，並不清楚彼此在做什麼，就連同一家銀行裡（理應彼此整合）的不同團隊也是如此。我聽到政府官員叫苦連天，他們指出各大監管機構與中央銀行的內部太過瑣碎零散，組織架構如此，想法觀念亦然。此外，政府單位也同病相憐，信評單位與新聞媒體同樣好不到哪去。我對金融海嘯左看右看，幾乎處處發覺**「狹隘視野」與「部落主義」（tribalism）是背後的罪魁禍首。大家陷於自己小小的部門、社群、團隊或知識中，或者說，陷於自己的「穀倉」中**。

這發現令人驚訝，但當二〇〇八年那場金融海嘯逐漸遠去，我發覺「穀倉效應」（這是我用的名稱）不只出現在銀行界，也幾乎出現在現代生活的各個層面。二〇一〇年，我從倫敦來到紐約，管理《金融時報》的美國團隊，從那個角度同樣發現美國的企業與政府有過度分工之弊。穀倉病症侵襲英國石油、微軟與（後來的）通用汽車等產業巨擘，侵襲白宮與華府，大型大學往往受部落主義所累，許多傳播媒體也同病相憐。我發現**這個時代的兩難困境在於，世界一方面密切整合，一方面分散零碎。全球日益牽一髮而動全身，我們的行為與思維卻困於小小穀倉裡**。

因此本書意圖回答兩個問題：為什麼穀倉效應會興起？我們該如何從穀倉效應受益，而非因穀倉效應受害？我在過去二十年擔任財經記者，觀察全球政經局勢，這些經歷也有助我找出答案。此外，記者生涯訓練我靠故事闡述想法，因此你會在本書讀到有關穀倉效應的八個故事，包括紐約的彭博市政府、倫敦的英格蘭銀行、俄亥俄州的克里夫蘭臨床醫學中心、瑞士的瑞銀集團、加州的臉書、東京的索尼（Sony）、紐約的藍山對沖基金（BlueMountain Capital），還有芝加哥警局。有些故事呈現穀倉如何導致愚行，有些故事描述組織或個人如何從穀倉獲益；有些故事以失敗收場，有些故事以成功作結。

不過本書還有第二個部分。在一九九三年我當上記者之前，我在劍橋大學攻讀文化人類學博士[2]，為了田野調查，首先造訪西藏，接著來到前蘇聯國家塔吉克，一九八九年至一九

---

②美國稱這門學科為文化人類學（cultural anthropology），英國則稱為社會人類學（social anthropology）。無論怎麼稱呼，總之，這門學科旨在探討人類的生活、思維與互動，但不涉及生物學層面，從生物與進化角度著眼的通常稱做體質人類學（physical anthropology）。這些人類學的分支時常界線模糊，但文化人類學多半不太著重科學層面。

九一年，居住在一處小村子，研究重點為婚禮儀式，藉此一窺塔吉克人如何在（理應崇尚無神論）的共產統治下保留伊斯蘭特質[3]。

當上財經記者後，我往往唯恐洩漏這段特殊過往。華爾街或倫敦金融圈多半不欣賞這種學歷，而是欣賞商管、經濟、財金、天體物理學或其他計量科學的背景。乍看之下，了解塔吉克的婚禮習俗不代表懂得全球經濟或銀行系統。然而**若說金融海嘯證明一件事，那就是金融與經濟不只關乎數字，也關乎文化。人們建構組織、定義社群與劃分世界的方式，大幅影響政府、企業與經濟能否正常運作**（還是像二〇〇八年那樣陷入不良運作）。

由此可見，文化層面的研究十分重要，而人類學在此派上用場。人類學家不只研究遙遠的非西方文明，也能照亮西方文明。換言之，我能把對塔吉克婚禮的研究方法套用過來，分析政府官員與華爾街銀行家。**人類學也有助分析穀倉效應，畢竟穀倉效應屬於文化現象，源自我們區分與組織世界的系統，我從人類學與記者角度能深入分析箇中問題**。這些故事甚至點出穀倉效應的處理方法，不只有助銀行業者，也有助政府人員、企業領袖、政治人物、慈善團體、學界人士與媒體記者。

至少我是如此希望。

前言

彭博市府的機密任務

「我們不僅盲目於明顯的事物，也盲目於自己的盲目。」

——《快思慢想》（*Thinking, Fast and Slow*）作者丹尼爾・康納曼[1]

二〇一一年四月二十五日凌晨，紐約布朗克斯一處貧困社區發生嚴重火警[2]。短短幾分鐘，大火就吞噬展望大道二三二一號的那棟建築。眾多消防員趕到現場，可惜為時已晚，愛好足球的三十六歲墨西哥裔建築工人胡安・羅培茲（Juan Lopez）、他三十四歲的妻子克莉絲汀・賈西亞（Christina Garcia），還有十二歲的兒子克里斯廷（Christian）[3]，一家三口困在狹小房子的複雜違建裡，消防員跟圍觀民眾在外頭聽見他們的絕望叫喊，卻束手無策[4]。

在他們喪生以後，媒體怒氣沖沖的點名罪魁禍首，其中有些直指紐約市政府，認為展望大道二三二一號的這棟建築經過多次違規增建[5]，好讓房東多賺幾筆，儘管鄰居向政府通報，有關單位卻毫無作為；有些媒體把矛頭指向窩藏在這棟建築地下室的當地毒販[6]；有些媒體則怪罪銀行家[7]。

這棟建築的登記持有人是多明尼克・希達諾（Dominic Cedano），他在信用擴張期間靠次級貸款買下這棟建築，後來卻繳不出錢[8]，銀行計畫收回房屋，地區電力公司也切斷供電。賈西亞的家人求他們搬出來，但羅培茲很難找到建築工作，這裡每週的房租又只要一百美元，所以一家人繼續住下去，靠蠟燭照明。報紙引述她親戚卡迪雅・賈西亞（Katia Garcia）的話：「我們不知道怎麼會發生這種事，只覺得非常傷心。」鄰居蘿絲瑪莉・派根（Rosemary Pagan）則說：「卡迪雅一直跟克莉絲汀說：『你們快搬走啦。』但他們沒錢搬家[9]。」

幾天內砲火隆隆，接著開始平息，媒體把焦點轉移到下一則新聞。但在幾公里之外，曼哈頓市中心宏偉的市政廳裡，這樁悲劇引起激辯。火警消息剛傳出來時，紐約市長麥可・彭博（Michael Bloomberg）問下屬是否能採取什麼措施來預防這類火警。乍看之下，答案是辦不到。紐約有個黑暗祕密，那就是住宅火警稀鬆平常：二〇一一年之前那十年，每年約有二千七百間民宅失火[10]，平均奪走八十五條性命[11]，地點多半為貧窮社區的違章建築，還有羅培茲這種窮困移民的擁擠住處。

照理說，紐約有負責降低起火風險的消防檢查隊，但他們面臨艱困處境：每年房屋管理署接獲約二萬則危險房屋通報，全該經過檢查[12]，可是紐約只有兩百位出頭的消防檢查員，人數寥寥無幾，卻要負責起全市一百萬棟大樓與四百萬戶，簡直力不從心，市府又沒有多餘經費擴編部門[13]。另外，消防檢查時常白忙一場，儘管通報民眾言之鑿鑿，卻只有一三％的通報建築確有問題。

雖然問題看似棘手，市府團隊的麥可．福勞爾斯（Mike Flowers）與約翰．芬布蘭特（John Feinblatt）認為有一線曙光。他們不著重消防設備，而是著重另一個方向：穀倉。紐約市政府組織龐大，僱用約十五萬名人員[14]，跟多數政府單位一樣官僚，細分為三十幾個部門，各自負責不同的業務，例如：消防、文化、教育與都市計畫，多數部門各自為政，彼此獨立。

各部門之間可謂溝通不良。消防部是個很好的例子。紐約客素來尊敬消防員，自從二〇〇一年九一一事件消防員展現英勇行為後尤其如此，但消防部跟其他部門根本是各做各的，毫無合作，當消防員在九一一恐怖攻擊事件衝進世貿大樓之際，他們赫然發現消防部、衛生部與公共政策部的無線電無法調到相同頻道[15]。這問題先前不為人知，原因完全源於不同部門各自為政的做法。

福勞爾斯與芬布蘭特心想，要是拆掉這些穀倉會如何？是否能從統合角度處理火災風險？是否能藉由破除穀倉改變救火方式，甚至挽回人命？這點子很有創意。事實上，這跟市府原本的做法格格不入，福勞爾斯與芬布蘭特起初不把計畫公開，還替計畫取名為「機密任務」（skunkworks，又名「臭鼬任務」，源自美國國防工業承包商「洛克希德馬丁公司」〔Lockheed Martin〕的機密戰機研發計畫）。

賈西亞他們葬生火窟的幾個月後，福勞爾斯與芬布蘭特的計畫獲得亮眼成果，他們發現只要意識到穀倉的存在，甚至加以破除，將成效顯著，不只有助消防救火，甚至能運用於現代世界的幾乎所有領域。

彭博市長這樣做，破除長年的穀倉

福勞爾斯原本沒想過要打破穀倉。他會走上這條路始於一個離紐約很遠的地方，那就是伊拉克。福勞爾斯在賓州長大，身材魁梧，個性開朗，起初接受律師訓練，一九九〇年代在曼哈頓這片罪惡叢林擔任地區檢察官[16]。這份工作很適合他：他頭頂微禿，講話火力十足，乍看跟影集《黑道家族》裡飾演老大東尼·索波拉諾（Tony Soprano）的詹姆士甘多費尼（James Gandolfini）神似，只是塊頭沒那麼大，個性沒那麼火爆。

然而幾年後，福勞爾斯受夠日復一日的苦戰周旋，搬到華盛頓，接受私人單位的高薪工作。後來他覺得公司法太沉悶，不合志趣，再次轉換工作，來到戰後的伊拉克，替一年前接管伊拉克的美軍擔任檢察官。美軍已開始審理原先海珊政權的政府官員，起先福勞爾斯的一項任務是把巴格達各處的證人帶進軍事區，讓他們出庭指證海珊的罪過。

巴格達時時有汽車炸彈爆炸，處處有大小路障擋道，護送證人並不容易。福勞爾斯回憶說：「當時那裡顯然是戰區，我得想辦法帶證人進進出出，還要避免他們遭到槍擊，那可不簡單。」福勞爾斯起先只能接受這種狀況難測的亂局，但某日他跟一名年輕的海軍陸戰隊軍官交談，得知軍方有個單位在進行一項創新研究，該單位名稱十分冗長，叫做「反臨時爆炸裝置聯合小組」，目標是蒐集交通數據，跟汽車炸彈的爆炸地點加以分析比對。先前沒人比對過這些數據，但一經比對就看得見規律：每當汽車炸彈即將爆炸，交通流量會先下降。

福勞爾斯開始依照反臨時爆炸裝置聯合小組的數據研判高風險時間——當車輛變少，他就不該帶證人亂跑。福勞爾斯說：「我猜原因是地方上有情報組織，他們知道炸彈攻擊的時間，所以先行避開。不過老實說，我不在乎背後原因是什麼，只想知道我該在禮拜二還是禮拜三帶證人出庭。」總之，他學到一個簡單啟示：**有時比對乍看無關的資訊會別有收穫**。

二〇〇九年，福勞爾斯返回華盛頓，加入參議院針對二〇〇八年金融海嘯的調查小組。後來紐約市政府找他負責調查金融詐騙，他接獲邀約時有些猶豫，不想陷入金融改革的無底泥淖，因此他提出一個替代方案：如果他到紐約，他是否能用伊拉克那套數據分析方式從事調查工作？他解釋說：「我當初是受律師的訓練，不是搞數學的，但巴格達的經驗讓我知道數據能怎樣派上用場，而我知道紐約市府很愛蒐集數據，任何資料都有，內容涵蓋交通違規罰單、建築規範、不動產留置權等，講也講不完！我想說如果把各種資料整合起來，也許能徹底改變對金融詐騙的調查方式，然後慢慢讓這套做法不只運用於詐騙調查，還運用到市府工作的各個層面。」

福勞爾斯提出想法的時機正好。麥可．彭博在金融業打滾多年，創立金融數據公司，經營得有聲有色，在二十一世紀初當選紐約市長，志在改變市府原本的運作方式，尤其關注兩大議題。第一，**他想探究組織對資訊流的管理方式，特別是要探討常見的失當管理，他很中意的口號是：「衡量不當，就會管理失當**[17]**。」**第二，**他想破除內部穀倉：他認為辦公空間最好保持開放，強迫職員攜手合作**。

這跟市府原本的運作方式大不相同，畢竟紐約市政廳建於一八一二年，是全美最古老的市政廳[18]，劃分為許多小辦公室，彼此由厚牆、石柱與大理石走廊分隔。當彭博入主市府，他叫市府官員移出大理石老鼠窩，搬進唯一的寬敞空間——別具歷史意義的演講廳。他在油畫與雕像之間擺放數十張辦公桌，營造開放的辦公環境，稱為「牛棚」。副市長羅伯特·史提（Robert Steel）說：「大家的桌子一樣大，電腦也一樣大，市長就坐在中間，跟其他人一起。」

彭博設法擴大這種破除穀倉的做法，要求不同部門比先前更緊密合作，破除長年的隔閡。事實上，他一心帶來變革，甚至找史蒂芬·高史密斯（Stephen Goldsmith）這位外地人擔任副市長。高史密斯在來到紐約之前，是印第安那波里市市長，曾仔細檢視市府的運用方式，破除內部穀倉，增進組織效率，因此備受稱譽。彭博盼望紐約能起而效法。

然而高史密斯旋即發現，在紐約要促進革新遠比在印第安那波里市困難。在牛棚擺放桌椅是一回事，說服官員改變工作習慣是另一回事。高史密斯表示：「紐約的工會很強勢，想保護到每個人，而且紐約市府很龐大，總共有二千五百個工作類別——沒錯，兩千五百個！一個個穀倉都根深柢固。」不過儘管彭博的恢弘大計進展得不如預期，市府裡人人明白他的雄心，福勞爾斯也受此吸引，在二〇一〇年同意加入紐約市府團隊，盼望做些實驗。

親臨現場、看一看、聽一聽、修正假設

由於布朗克斯展望大道二三三二一號那場大樓火警，給福勞爾斯獲得第一個測試想法的大好機會。福勞爾斯加入市府團隊不久，就在免費分類廣告網站 Craigslist 張貼廣告，徵求年輕的資料分析高手。這不是市府常用的徵才方式，但福勞爾斯很快招募到數名剛離開大學的畢業生組成團隊，分別是班恩・狄恩（Ben Dean）、凱薩琳・關（Catherine Kwan）、克里斯・寇科倫（Chris Corcoran）與蘿倫・塔布特（Lauren Talbot）[19]。福勞爾斯說：「我想找的人要剛從大學畢業，擅長經濟數學，能提供嶄新眼光。」接下來，他把這群他口中的「小鬼」安排在市中心一間倉庫裡工作。

布朗克斯展望大道二三三二一號火警發生的幾天之後，福勞爾斯請這支團隊整理紐約火警風險的資料，設法預測火警。起初他們一無所獲。消防部有很多火警相關資料，還有從三百一十一支專線接獲的大量違建通報，但奇怪的是，儘管多數違建通報的地點都在下曼哈頓，那裡卻不是最常發生火警的地區，也不是最多違建的地區，反而布朗克斯與皇后區等外圍區域才是，原因在於許多貧困移民（例如：賈西亞一家）害怕政府當局，不敢通報違建。那三百一十一支專線無法用來預測火災。

所以有更好的預測依據嗎？如果檢視消防部以外的數據是否會有收穫？福勞爾斯叫這幾個小鬼離開電腦幾天，跟不同警局、消防局、房屋署、建築部的檢查人員「出去跑一跑」。他們盡量問說容易肇生火警的建築有什麼特徵？該如何發現？

多數檢查人員起初覺得奇怪。比方說，紐約消防局長年聲譽良好，消防檢查員不喜歡有外人跟在一旁，也往往瞧不太起市政府。基於許多法規，建築檢查員只負責檢查特定問題，消防檢查員則查驗別種問題。福勞爾斯一心想打破這種限制，而且基於巴格達那段經歷，他相信**了解問題的不二法門就是出去實際跑**。實際情況不能安置於預先定義好的一個個整齊箱子裡，也**不能只待在辦公室用電腦看，你必須樂於親臨現場，看一看，聽一聽，修正原先的假設**。

福勞爾斯嚴格要求這幾個小鬼要謙虛，抱持開放態度：「我們聽消防員警察怎麼說，也聽建築部與房屋修繕處的檢查人員怎麼說。我問他們：『當你們到一個亂七八糟的鳥地方會看到什麼？』到底有什麼蛛絲馬跡？我們傾聽、傾聽，再傾聽。」後來一個線索逐漸浮現。這群小鬼發現容易失火的建築通常建於一九三八年以前，當時紐約的建築法規比較寬鬆。這些建築通常位於貧窮的社區，持有人往往欠繳房貸，先前鄰居通報過說有不良分子出入[20]。

這群小鬼著手檢視相關資料，卻發覺困難重重。照理說，紐約是資料的寶庫，市府底下的四十幾個部門長期蒐羅各類資料，深深引以為傲，當彭博在市政廳打造牛棚的時候，他甚至在古老油畫之間架設電腦螢幕，展示寶貴的統計數據。可是有個問題：資料是儲存於許多不同的資料庫，畢竟不只不同部門各自為政，連同一個部門內部都細分為不同團隊。人員各行其是，資料各處四散。

然而這群小鬼利用「一級地類稅務資料庫」[21]挑出六十四萬棟房屋，每間的登記持有人為一到三個家庭。基於紐約的古怪法規，這些房屋只有約一半能由消防部負責檢查，另外一半則由建築部負責檢查，但小鬼們一併檢視兩個部門的不同資料，查看火警與違建申訴狀況。財政部與調查部是兩個不同的部門，分頭處理稅務與詐騙問題，小鬼們則一併檢視稅款繳納紀錄與房貸拖欠紀錄，再跟建築部索取一九三八年以前興建的建築資料。最後他們用單一統計模型比對所有資料，漸漸看出規律。當一棟建築同時具備這四個危險因子，則失火與違建的比例高出甚多，即使沒人申訴也一樣。換個方式來講，如果你想找出容易失火的危險房屋，與其依賴三百一十一支專線的特定申訴，不如比對下列資料：房貸欠繳狀況、建造年度，還有反映社區貧富程度的諸多指標。

在高史密斯副市長的支持之下，福勞爾斯找上建築部的檢查員，請他們檢查那些不符現有建築法規且整體風險偏高的老舊房屋。福勞爾斯回憶說：「起初他們覺得這主意很爛——

還叫我們別發神經！」但後來他們態度軟化，採用他的點子。結果相當驚人。原本只有一三％的受檢房屋有問題，如今這個數字竄升為七○％[22]。儘管幾乎沒多花一毛錢，檢查成效卻暴增四倍。

這只是一次僥倖成功嗎？小鬼們開始把這一套運用到大型建築。起初成效不彰，於是福勞爾斯再次派他們跟著檢查員到外頭跑，好好實地研究：大型建築與小型房屋到底有何差異？日子過去，幾無進展。然而某天，其中一個成員跟資深檢查員來到一棟大型建築外頭，碰巧聽到他講了一句話：「這棟沒問題——看磁磚就知道！」他問背後有何原因，資深檢查員回答說，根據多年檢查經驗，肯花錢翻新磁磚的屋主不會容忍失火風險。於是小鬼們換個方向，開始查看紐約的磁磚載運紀錄——這又是堆在市府另外一個角落乏人聞問的冷僻資料。他們把運磚資料加進其他數據，結果預測準度大幅提升。運磚資料單獨來看不具意義，整體來看卻甚具意義。

菸品走私、濫用處方籤、廢油處理問題……都能解決

接下來，這群小鬼把穀倉破除做法運用到其他地方。查菸是個好例子。由於稅率差異使然，紐約的菸價比維吉尼亞州高出一倍，因此紐約數十年來面臨菸品走私的嚴重問題，負責的警力僅五十名，菸商卻有一萬四千家[23]。福勞爾斯的小組交叉比對販菸執照與逃稅紀錄，結果大幅增加查緝成效。奧施康定的違法販售是另一個例子。奧施康定是一種常遭濫用的處方籤藥物，由於紐約有數千家藥局，隨機查核難以發現違法販售情事，但福勞爾斯的小組統合不同資料庫，檢視所有藥局向聯邦醫療補助計畫申請的強效奧施康定退款紀錄，發現一％的藥局就占二十四％的金額[24]。查緝成效再次激增。

福勞爾斯小組甚至迎戰廢油處理的棘手問題。據估計紐約有二萬四千家餐廳，許多都有販售油炸食物，福勞爾斯愛指著肚子說：「想一想，那些薯條、春卷啊，什麼鬼的！」根據紐約法令，餐廳應委託特定廠商處理廢油，但許多餐廳對法規視若無睹，直接從水溝蓋把廢油倒進下水道。

餐廳多半趁深夜偷偷倒油，數年來讓當局一直束手無策。福勞爾斯小組從環保部取得廢油汙染的資料，跟餐廳執照、退稅紀錄與廚房火警等不同資料互相比對。他們標定並未申請

廢油處理的餐廳，列出可能偷倒廢油的餐廳名單，然後到市府另外一個負責推廣生質柴油的部門，詢問部門人員是否願意跟食安稽查員與消防單位合作，說服餐廳不再偷倒廢油，而是把廢油賣給回收單位。福勞爾斯說：「現在稽查員發現餐廳偷倒廢油時，不會只是走上前說：『喂，搞什麼鬼啊！罰鍰二萬五千美元！』他們改成說：『別傻了，拿這些來換錢吧！賣給生質柴油公司吧！外頭一大堆公司巴不得要購買這些廢油呢！』」

打破穀倉的好處顯而易見，福勞爾斯常好奇為什麼先前沒人試過，畢竟統計高手已運用尖端技術多年，統計訓練又著重於找出關連，為什麼先前沒人試著比對不同資料庫？不過福勞爾斯其實從一開始就對答案了然於心：紐約市政府裡是一座座穀倉，人員看不見近在咫尺的問題與機會。換言之，福勞爾斯的例子其實並不關乎統計，而是關乎我們如何組織生活、資料、部門與頭腦。福勞爾斯指出：「這地方大家各自為政，很難攜手合作，但一旦合作成功，成果會非常豐碩。」

他繼續說：「但是很少人在合作，你不禁想問：為什麼？」

緊密世界的兩難困境

紐約市政府並非特例，而是通例。只要張望一下現今的世界，會發現二十一世紀的我們正陷入一個驚人矛盾。某方面而言，全球變得空前緊密，如同一個共同體，拜全球化與高科技之賜，新聞瞬間傳千里，全球各個公司、消費者與經濟體緊密相繫，或好或壞的點子輕鬆傳播，大家過得息息相關，疾病與恐慌能迅速蔓延，光是金融市場的一個小角落不太對勁，全球都可能天翻地覆。簡言之，世界正陷入經濟學家伊恩．高登（Ian Goldin）口中的「蝴蝶缺陷」（Butterfly Defect）：系統內部高度整合，時時面臨惡事蔓延的風險[25]。國際貨幣基金組織（IMF）的總裁克莉絲汀．拉加德（Christine Lagarde）說：「世界變得眾聲喧譁，世人變得息息相關，這種高度整合模式很危險，卻是我們時代的特徵[26]。」

然而儘管世界變得緊密連結，我們卻過得瑣碎零散。許多大型組織區分為零零碎碎的不同部門，彼此往往缺乏溝通，遑論攜手合作了；平時大家泰半活在自己的「小圈圈」，心態如此，舉止亦然，只跟志同道合的對象交談來往；許多國家的政治陷入兩極對立；各行各業變得日益專業，部分原因在於科技日漸複雜，只有少數專家能清楚了解。

這種分化現象在英文有許多描述字眼，像是「猶太區」（ghetto）、「桶子」（bucket）、

「部落」（tribe）、「箱子」（box）或「煙囪」（stovepipe），但我覺得「穀倉」（silo）這個比喻最貼切。這個字源自古希臘文的「siro」，字面意思是「穀坑」[27]，至今仍保有原本的意涵，例如：《牛津英文辭典》[28]給的定義是「農場裡用來儲藏穀類的高塔或地窖。」二十世紀中葉，西方軍隊用這個字指稱存放導彈的地下空間。根據《牛津英文辭典》的條目，後來管理顧問借用這個字表示「獨立運作的系統、程序與部門等[29]」。如今這個字不僅是名詞，也可以當作動詞和形容詞（silo-ized）。此外，重點是這個字不只指涉實際體系或組織（例如：企業部門），也能指涉心理狀態。**穀倉存在於體系裡，也存在於我們的內心與社會團體裡。穀倉帶來部落主義，造成狹隘視野。**

本書並不是「反穀倉」。穀倉不見得糟糕，我們也不見得要「廢止所有穀倉！」（雖然有時躍躍欲試想這麼做）。反之，本書開宗明義就說，現代世界需要穀倉，至少需要專業的部門與團隊。至於原因顯而易見：世界非常複雜，因此需要能處理複雜局面的體系。此外，資訊日漸氾濫，組織日漸龐大，科技日漸複雜，對組織管理的需求也更為急迫，而最簡單的做法就是把想法、個人與資料區分開來，分裝進一個個空間、社會與心理的箱子裡。專業化通常帶來進步，畢竟正如十八世紀經濟學家亞當·斯密（Adam Smith）所言，勞力分工能讓社會與經濟繁榮昌盛[30]。若無分工，則無效率。要是十五萬名紐約市政府職員沒有專業分工，只會一團混亂。一隊訓練精良的專業消防員救起火來大概駕輕就熟，一隊隨機組成的業餘消防員救起火來只怕手忙腳亂。**穀倉讓世界井井有條，讓生活、經濟與組織妥善分工，促進專職專責。**

可是穀倉有時適得其反。同一個專門團隊的成員可能互相競爭，浪費資源；彼此孤立的部門單位或專家團隊可能溝通不良，因此忽略風險，付出嚴重代價；過度分工可能造成資訊封閉與創新不易。最嚴重的是，穀倉容易造成狹隘視野或心理盲點，進而導致愚蠢行徑。

例子俯拾即是。比方說，二〇〇八年那場金融海嘯的其中一個肇因，在於金融體系各自為政，幾乎沒人有辦法觀照全局，發現金融市場逐漸高漲的危機。金融巨擘內部劃分為許多不同部門，或曰不同穀倉，結果主管對自己底下交易員的舉動一無所知。

二〇一〇年，英國石油公司坦承他們位於墨西哥灣的馬康多鑽油井發生爆炸，石油湧進大海，造成嚴重汙染，各部門卻互相推卸責任。之後當局展開調查，逐漸發現一個熟悉的問題：英國石油公司分為許多穀倉，技術人員各自忙於特定專門領域，儘管設有安全監控小組，該小組並未跟馬康多鑽油井的日常操作小組保持連繫，訊息並未妥善流通，直到為時已晚[31]。

二〇一四年春季，通用汽車承認旗下諸如雪佛蘭可波特與龐帝克 G5 等小轎車的點火開關有瑕疵，可能在行駛期間從「啟動」切換至「關閉」，造成引擎停止與安全氣囊失效。他們表示有些內部工程師從二〇〇一年即發現問題，而且每輛車的維修費用僅〇．九美元，但他們沒有採取行動，任由顧客車禍喪命，原因是裝置有誤的資料只流傳在一個小小的官僚穀倉裡，當法務部門在為公司聲譽奔波煩惱之際，負責點火開關的工程師卻自行其是，跟法務部門幾無接觸。

換言之，通用汽車受穀倉所害，員工缺乏主動合作的內部誘因，一個個團隊只求保護自身利益，不顧全公司的安危[32]，跟銀行業同病相憐，也跟英國石油公司的安全部門主管半斤八兩。在通用汽車公開認錯後，新任執行長瑪莉．芭拉（Mary Barra）對員工沉痛地表示：「我們必須設法破除穀倉[33]。」

同理，調查人員探究中央情報局等單位為什麼並未預見九一一恐怖攻擊，發現各部門愛把資料扣在自己手上，沒有分享出來[34]。二〇〇八到二〇一一年，英國國民保健署著手建置資訊系統，卻犯下許多糟糕錯誤，媒體探究之後，發現箇中原因如出一轍，那就是使用資訊系統的各部門主管之間毫無溝通協調[35]。二〇一三年下旬，歐巴馬政府推出有不少技術問題的健保網站，引發民眾不滿，背後原因也很類似，雖然參與計畫的個別電腦專家早就知道網站有嚴重問題，他們的意見卻未傳達給白宮，白宮裡沒人完全了解這些電腦「奇才」在幹麼，只覺得十分複雜高深。

也許最顯著（與可悲）的穀倉例子是金融海嘯過後，歐巴馬政府在二〇〇九年所推出的一個協助屋主繳納房貸計畫。背後概念看似很有道理：如果付款困難的屋主符合特定條件（像是有工作），銀行應減少他們的房貸月繳金額。然而有個大問題：金融業者內部過度分工，特定部門調降借款人的每月還款金額，卻沒有把資料轉給負責法拍的部門，因此造成糟糕下場，法拍部門發現借款人減少繳款金額之後，有時會認定借款人違約，出面收回房屋，這時白宮的計畫對房貸借款人並非有益，反而有害——而穀倉正是罪魁禍首。歐巴馬總統的顧問奧斯坦．古斯比（Austan Goolsbee）事後提到：「那太可怕了，沒人想過銀行裡會有這種穀倉效應。穀倉問題太過嚴重，結果他們做得跟原本的預期根本背道而馳，真是太扯了。」

如何避免受到穀倉連累？本書有辦法

所以有辦法避免穀倉造成「太扯」（或「盲目」）的局面嗎？本書的論點是：有辦法。

接下來，你會讀到一系列闡述穀倉利弊的真實案例，內容涵蓋政府、企業與非營利組織。本書分為兩大部分，第一部分包含三個故事，呈現個人與組織如何在不同層面受穀倉效應所累。

第二章探討索尼公司，這家公司原本表現無比亮眼，後來卻陷入過度分工的泥淖，創新力道減弱，逐漸由盛轉衰。

第三章探討瑞銀集團，由於穀倉之故，瑞銀高層完全不知道旗下交易員會購買美國的次級房貸商品，替公司埋下定時炸彈。

第四章說明英格蘭銀行與聯準會的經濟學家落入狹隘視野與部落主義，在二〇〇八年以前並未發現金融體系陷入失控。放眼許多專業領域與企業組織，一個個專業人員陷入穀倉，不只組織運作遭拖累，更重要的是，連思維想法也受限，二〇〇八年以前的經濟圈正反映這個趨勢。

本書的第二部分比較樂觀正面，呈現個人與組織如何設法擺脫頭腦、生活與組織裡的穀倉效應。第五章闡述芝加哥一位電腦狂如何大幅改寫職涯，跳脫專業的穀倉，在芝加哥警局內部展開一場驚人實驗。

第六章關注臉書，解釋這家社群網站公司如何靠絕佳的內部社群實驗對抗穀倉桎梏，跟索尼可謂天差地別。臉書員工準確實行破除穀倉的內部實驗，不願跟索尼或微軟等科技巨擘落入相同下場。

第七章說明克里夫蘭臨床醫學中心用另一種方法對抗穀倉：鼓勵院內醫生努力質疑分工方法，想像不同合作模式，翻轉傳統的醫療分工。就此而論，本章跟第四章的經濟圈互為對照，畢竟經濟學家（及其他專家）的一大問題在於並未檢視自己對組織模式的看法，逕自認為現有做法正確無誤。

第八章從不同方向切入，說明藍山對沖基金如何善用金融體系的穀倉來獲利賺錢，凸顯一個重點：這個人的穀倉，可以是另一個人的機會；這間公司的損失，可以是另一間公司的利益。藍山對沖基金跟瑞銀集團等大型銀行互為對照，證明那些樂於採取宏觀眼光破除穀倉的公司遠比競爭對手占上風。**破除穀倉的人往往很有創意，有時能看見嶄新的商業機會，賺進滾滾金錢**。

這些故事無意概括全局，還有無數案例能呈現穀倉的危害，但我選擇只著重這八個故事，力求寫得簡明易懂。不過我得在此強調，我並未論斷這些企業或組織是「成功」或「失敗」，各個故事都是仍在進行的未完成式，**穀倉的危害永遠無法根除，對穀倉的奮戰永遠沒有終結，畢竟周遭世界不斷轉變，我們面臨兩難處境，既有賴專業分工來面對複雜局面，又**

需要開放視野來靈活處理問題，唯有兼顧這兩個相反目標才能善用穀倉，而這並非易事。

從人類學的角度，破除穀倉效應

那麼我們該如何面對這項挑戰？**首先要承認穀倉的存在，理清穀倉的影響，而我相信人類學在此有所幫助。**一般人提起穀倉時，不會想到人類學，反而想到另外兩個學門：第一是管理顧問，著重於探討企業的組織運作；第二是心理學，著重於探討大腦的運用模式。

然而追根究柢，**穀倉是一種文化現象，成因是社會團體與組織具備特定的分工慣例。**有些分工界定得具體清楚，例如：紐約市政府有正式的組織架構，各個部門的內部組織與合作模式經過明確規定，採取階層制度。然而我們對世界的分類方式通常沒有正式定義或明白說出，只源自我們往往無意間從周遭環境吸收到的規則、傳統與慣例。

換言之，許多重要分類模式源自我們所處的文化，存於意識與直覺的邊界，顯得自然而然，就像文化顯得「正常應當」，於是我們幾乎習焉不察，甚至從未發現我們是依據正式與非正式的「分類系統」（classification system）面對世界。

然而文化人類學家會留意這些分類系統——十分留意。人類學家知道分類是人類文化的一大基礎：**其實分類就是文化**。人類學家有時會研究非西方文化，甚至如今赫赫有名的人類學家，多半是研究現代西方人較陌生的文化：瑪格麗特．米德（Margaret Mead）在薩摩爾群島探究青少年與性別議題，法蘭茲．鮑亞士（Franz Boas）研究愛斯基摩人，克勞德．李維史陀（Claude Lévi-Strauss）探討亞馬遜神話，克里佛．紀爾茲（Clifford Geertz）鑽研爪哇島的鬥雞儀式。

不過並非所有人類學家都是如此，現在許多人類學家是在錯綜複雜的工業國家做研究，探討二十一世紀的社會文化模式。英國人類學家史蒂芬．胡瓊斯（Stephen Hugh-Jones）說：「人類學家如同文化禿鷹，但我不是指這個詞通常的意思。對人類學家而言，『文化』不是高雅品味或知識文明，而是任何社會普遍抱持的想法、信念與行為。」就此而論，人類學有助探索分工方式與穀倉成因。

因此本書在講述有關穀倉的正反面故事之前，會先兜個圈子，藉第一章說明人類學如何解讀現代社會與穀倉。第一章會介紹法國人類學暨社會學家皮耶．布赫迪厄（Pierre Bourdieu）的故事，他起初在阿爾及利亞內戰期間待在阿爾及利亞從事研究，後來改變研究方向，對現代法國與西方世界提出許多一針見血的犀利分析。乍看之下，這跟後面其他探討複雜組織的故事無關，如果讀者想讀不同企業或成或敗的故事，不妨跳過第一章，直接讀第二章，但布赫迪厄的研究能呈現文化人類學的部分特點，說明人類學角度的實用之處。即使你不把自己當作「人類學家」，但放眼紐約市府、瑞銀集團、英格蘭銀行或索尼等例子，你都能發現人類學的妙用。

Part 1 /
穀倉

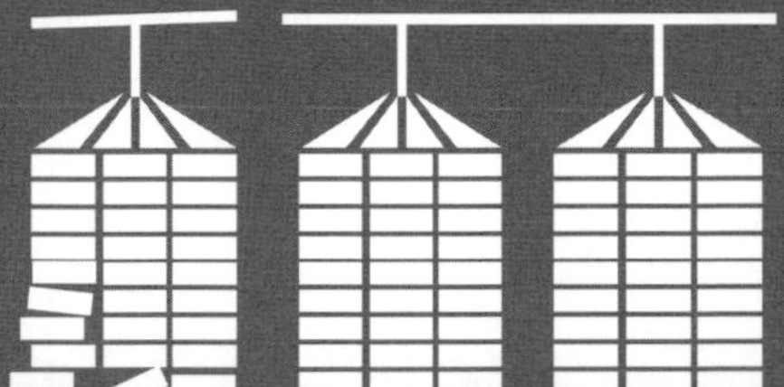

/ THE SILO EFFECT /

第1章

局外人：從人類學照見穀倉

「所有分類系統即使全然專斷，仍顯得無比自然。」

——法國人類學暨社會學家皮耶．布赫迪厄[1]

一九五九年，一個黑暗的冬夜，在法國西南部貝阿恩省一處偏僻小村的光亮舞廳裡，聖誕舞會正熱烈舉行，許多年輕男女隨著一九五〇年代流行的搖擺舞音樂轉著圈子，女性穿著蓬蓬裙，男性穿著俐落西裝[2]。布赫迪厄佇立在人群外圍，拍下照片，仔細觀察。他三十多歲，長相粗獷，神情專注。

某方面而言，他在這座舞廳像是「回家」：許多年前，他在這個村子長大，是農家子弟，會講格斯肯語——一種對巴黎人絕對是鴨子聽雷的當地方言。但另一方面，他又像是外人：他自幼天資聰穎，二十年前拿獎學金離開這個村子，在巴黎知名大學就讀，接著先以士兵身分參與阿爾及利亞的血腥內戰，後來才成為學者。

他既是局內人，又是局外人，對故鄉瞭若指掌，卻也格格不入，看得見故鄉外頭的廣大世界，也想得出截然不同的舞會模式。他抱持這種雙重眼光環顧四周，看見別人視而不見的事物。現場五光十色，眾人翩翩起舞，這是大家向來期望的情景，也是日後留存的記憶，畢竟舞會就是要開心跳舞。

不過布赫迪厄後來寫道：「有一群年紀較大的人站在外圍，形成一片黑影，靜靜旁觀。他們都三十歲上下，戴著畫家帽，身穿剪裁土氣的深色西裝，一副想加入共舞的模樣，開始往前湊近，縮短跟大家的距離……卻沒有跟著舞動[3]。」大家不會看他們，完全忽略他們，但他們就在那裡，跟起舞的大家待在一起。布赫迪厄寫道：「他們都在那裡，那群單身漢！」舞廳裡的大家自行分隔，彼此分類，形成兩個陣營，一組是局內人，一組是局外人。

可是為什麼出現這種隔閡？布赫迪厄幾天前跟老同學碰面時獲得了一絲線索。當時那個老同學拿出一張戰前的舊照片，上頭的全班還是小孩子。布赫迪厄寫道：「那位老同學在鄰鎮當個低階服務生[4]，他冷冷的說（照片）上頭幾乎半數同學都『成不了婚』。」他無意冷嘲熱諷，只是平鋪直敘。村裡許多單身漢發覺找不到老婆，因為自己沒有身價——至少在當地女性眼中沒有。

這個單身漢問題反映經濟層面的巨變。直到二十世紀初期，貝阿恩省人多半務農，長子根據地方傳統能繼承土地，因此通常是最有權有錢的人，是搶手的黃金單身漢，勝過往往要到外地謀生的其餘子嗣。但是戰後局勢不變：務農不再吃香，在外地工作更能賺錢，許多年輕女性進城謀職，由傳統拴在農地的長子則被拋在後頭。村民沒有把這個變化天天掛在嘴邊，但許多通俗文化的微小符號變得廣獲接受，反映出新的分類系統，起了推波助瀾之效。在貝阿恩省的鄉村地區，大家認為一九五〇年代的搖擺舞、蓬蓬裙與窄版西裝是代表都市的酷玩意兒，會跳舞代表屬於現代世界，得以結婚成家。

布赫迪厄真正感興趣的不是為什麼經濟改變，而是為什麼大家默默接受新的分類系統和文化規範。無論是能或不能結婚的男性，還是會或不會跳搖擺舞的人，箇中分別從未經過正式規範，也從未經過公開討論，一九五〇年代的法國並未明文禁止農人學習搖擺舞、購買好西裝，還有逕自下場跳舞，但那群男子由於某種理由竟然自我局限：他們主動把自己歸類為「不會跳舞」的族群，而這令人難過。布赫迪厄寫道：「我想到學校裡一個老朋友，他有點陰柔氣質，溫文儒雅，所以我們處得不錯。」布赫迪厄發現這位朋友「在馬廄門口寫下每隻母馬的生日，加上他替她們取的名字」，藉此沉痛抗議他的「成不了婚」與孤寂人生。

為什麼那群男子不反抗眼前的悲慘狀況？為什麼不下場跳舞就好？為什麼場上女性沒發覺有半數男性遭到冷落？為什麼我們會接受環境加諸的分類系統？即使當這些分類系統與社會規範唯恐有害也不例外呢？

我分類，故我思考

就地理與文化角度而言，布赫迪厄那場戰後舞會與彭博市府可謂相差十萬八千里。婚姻與銀行也不太相干。不過換個角度來看，法國農夫與紐約官僚其實十分相像。這兩個**世界**

（還有人類學家研究的任何社會）具備一個共同點，那就是會採取正式與非正式的分類系統與文化規則，把世界分為一個個團體與穀倉。有時我們會訂下具體明確的分類規則，有時則無意間受環境與內心影響來分類，依循無數瑣碎無關的文化傳統、規則、符號與信號，這種文化常規根深柢固，深深交織進日常生活，結果我們視之為理所當然與無可避免，往往習焉不察。

大家都認為這種分類過程是生而為人的直覺反應，是人類與走獸的一項分別。這背後有個合理原因：**我們天天置身於無比複雜的世界，如果不能把萬事萬物加以分門別類，納入可供處理的體系，大腦將無法思考與反應**。「電話號碼」這個看似不重要的議題可以做為例子。一九五〇年代，哈佛大學心理學教授喬治．米勒（George Miller）研究大眾打電報或電話時的短期記憶，發現人腦在記憶一組數字或字母時有先天的數目上限[6]，介於五到九個單位之間，但平均而言是「魔術數字『七個』」。

後來其他心理學家認為數目上限比較接近於四個單位。無論如何，當中有個關鍵：大腦傾向把資料加以「分組」，類似於收進心裡的檔案櫃，藉此記下更多資訊。加以分組則容易記得，不予分組則容易忘記。米勒說：「剛學無線電報的人無法解碼，只聽到一個個分開的聲音，（但）很快就能把讀碼轉為字母，以字母為處理單位……（然後）以字為處理單位，也就是一個更大的處理單位，（再來）開始聽出整個詞組[7]。重新編碼是一種極為強大的武器，有助提升我們所能處理的資訊量。」

長期記憶同樣適用。心理學家發現人腦常按照特定主題靠「心理標記」替想法或記憶分類，以求容易記得，如同貼上容易看（而且容易記）的七彩標籤，再歸檔進舊式檔案櫃。心理學家丹尼爾．康納曼指出，這個分組過程有時是有意識的，但更常是無意識的[8]。無論是否出於意識，都有助於把想法整理得井井有條。企業諮詢大師魯克．布拉班迪爾（Luc de Brabandere）與亞倫．伊恩（Alan Iny）說：「除非靠心理模型簡化事物……否則你無法思考或決策，更別提創造新點子。不先把事物一一放進這種箱子，就無法處理現實生活的諸多複雜層面[9]。」

然而這種替世界分類的需求不局限於內部心理程序。如果我們想跟他人互動往來，彼此也必須採取同一套分類系統。這就是語言的核心：大家對各個口語聲音所代表的意思採取同一套解讀方式。不過社會或社群也有文化常規，舉凡空間使用、人際互動、行為與思維都受此影響。這類社會常規幾乎是「文化」的核心要素，一大重點是讓我們對世界抱持同一套分類方式，藉此建立秩序。**大腦要靠分類才能思考，社會要靠分類才能運作**。十七世紀的法國哲學家笛卡兒（René Descartes）說：「我思，故我在。」（拉丁文與法文原文分別為：「cogito ergo sum.」與「je pense, donc je suis.」[10]。）這句話稍加修改也同樣正確：「我分類，故我思考，並能置身社會。」

舉世都在分類，做法卻各異

儘管舉世都在分類，做法卻各異，不同社會有各形各色的分類系統。就連對自然現象等普遍事物的感受也大相逕庭。照理說，人類對色彩的感受該一模一樣，畢竟我們身處同一個世界，接收同一套光譜，眼球構造也大同小異（只是部分人口為色盲）。然而事實上，不同文化對顏色是採取相異的分類方式。數十年來，人類學家布蘭特．柏林（Brent Berlin）與語言學家保羅．凱依（Paul Kay）攜手合作，研究全球不同語言對顏色的描述[11]。他們發現至少有七個不同模式：有些非洲文化只把世界分為三大類顏色（紅、黑與白），有些西方文化的分類數目則高出五倍。

卡洛琳．伊絲曼（Caroline Eastman）與羅賓．卡特（Robin Carter）是認知人類學家（亦即研究文化與大腦的人類學家），他們參考柏林與凱依的研究，認為儘管光譜本身舉世相同，分類方式卻各地互異。伊絲曼與卡特表示：「顏色是由不同波長（色調）與亮度組成的連續系統，每個顏色詞代表一塊範圍，中心點就是用該顏色詞來指涉，（但）雖然不同文化對中心點的指涉顏色罕有異議，對邊界的指涉顏色卻各執一詞[12]。」

對自然世界的分類方式也各地不同。全球都有鳥類的蹤影，但有些文化把鳥類當作動物，而且無意細分出不同品種，有些文化則設法準確分類。比方說，英文的「seagull」（海鳥）不容易翻譯為其他語言。同理，不同的文化對動物有不同的分類方式。比方說，演化生物學家賈德．戴蒙（Jared Diamond）研究全球不同文化對動植物的命名界定（戴蒙有時自稱為「環境人類學家」，這是人類學的另一個分支）。他指出法國人提到「馬」會想到馬肉，中國人提到「貓」也會聯想到食物，但美國等文化不會把馬跟貓分類為「可食用」[13]。

社會關係的分類更是差異甚大。生殖繁衍乃是舉世皆然，但人類學家與語言學家在全球各地至少發現六種不同的親屬分類，各大學的文化人類學課堂把這些分類系統分別稱為「蘇丹型」、「夏威夷型」、「愛斯基摩型」、「易洛魁型」、「奧瑪哈型」與「克勞型」。各文化在其他方面的差異更大，例如：對空間的安排、對職業的定義、對宇宙的想像、對經濟活動的規劃，還有追蹤時間的方式。有些文化把「烹煮食物」歸類為女性專屬的職務，應由家中的女性成員從事，但就美國郊區居民而言，當涉及烤肉，則往往歸類為「男性」的工作。

同理，猶太人把星期六當作聖日，穆斯林把星期五當作聖日，基督徒的聖日則是星期日。諸如亞馬遜部落等非西方社會並沒有一週七天的概念，遑論過週末假期。跳舞也是如此，許多社會有跳舞儀式，但有些社會把跳舞當作宗教活動，有些社會則把跳舞當作俗世活動，不帶一絲神聖成分。有些文化不准男女共舞，有些文化認為本該男女一起跳。

放眼各式各樣的不同文化，只有一個共同點，那就是無論人們是在跳舞、進食、烹煮、安排個人空間或居家生活，他們往往認為自己的做法「很自然」、「很正常」和「合情合理」，至於別人的跳舞方式（與分類系統）則不然。這背後有一個簡單但重要的啟示：我們的分類方式往往出自後天薰陶，而非與生俱來。正因如此，分析起來也就別具意思，而對此議題別具洞見的當屬那位旁觀跳舞男女（與局外人）的大師——幾乎堪稱現代人類學之父的布赫迪厄。

光靠抽象的哲學，難以解釋真實的世界

布赫迪厄從沒想過要當人類學家。他早年認為探究世界的最佳學門是哲學。由於他生在

尚保羅．沙特（Jean-Paul Sartre）等哲學家聲名鵲起的戰後時代，他會嚮往哲學也是理所當然。布赫迪厄解釋說：「一個人要成為哲學家，就得讓自己變得崇高，獲得『哲學家』這個隆崇身分[14]。」布赫迪厄正渴望獲得這個身分。

一九三〇年，布赫迪厄生於貝阿恩省旁的當吉恩村，父親從佃農改行當郵差，從未受完教育。布赫迪厄十一歲時獲得波城一間寄宿學校的獎學金，但他在那裡過得很糟，周圍都是有錢的都市小孩，只有他是農家子地，他內心感到自卑。布赫迪厄說：「大作家福樓拜（Flaubert）說過，『讀寄宿學校的學生早在十二歲就幾乎明瞭人生百態。』這句話有幾分真確[15]。當年我過得非常煩亂……夾在兩個世界之間。」

為了融入大家，他努力取得優異成績，一頭栽進橄欖球這項風靡法國西南部的運動。然而法國是階級分明的國家，人人都有所屬階級，包括用語、舉止、儀態與教養等許多微小細節都會洩漏出身。布赫迪厄覺得自己像個局外人，始終厭惡面前的繁瑣規定。他回憶說：「十七世紀的老校舍大而不當，令人生厭，走廊空空闊闊，上頭牆壁是慘白的，下方牆壁是暗綠的，石板階梯宏偉空洞……沒有哪個祕密角落供我們靜一靜，稍作逃離，稍事休息。如今成年的我寫下這段文字，卻不知該如何補償當年還小的我，那個絕望、憤怒並渴望報復的我[16]。」

布赫迪厄十七歲時，贏得巴黎高等師範學院的獎學金，進入哲學系，後來以優異成績畢業，以二十世紀初期法國知名現象學哲學家莫里斯·梅洛龐蒂（Maurice Merleau-Ponty）為學士後研究主題，從知識論（epistemology）角度加以探討。接下來，他的人生出現大轉彎。

一九五五年，他二十五歲時，軍方徵召他入伍。菁英學生通常是在鄉間悠悠哉哉的擔任軍官，但在他要入伍之際，一場血腥內戰正在法國南方蠢蠢欲動。雖然法國已統治阿爾及利亞超過百年，阿爾及利亞叛軍仍尋求獨立。布赫迪厄向軍中長官表示，他原則上強烈反對阿爾及利亞內戰，原因是他（跟許多法國年輕知識分子一樣）厭惡殖民主義。結果長官把他派到前線做為懲罰。他寫道：「由於巴黎高等師範學院的學生享有特別待遇，我起先來到凡爾賽宮的法軍心輔單位，但我跟高階長官起了激辯，惹得他們想把我調派至法屬阿爾及利亞，而不久後我便被調走了[17]。」

一九五五年夏季，布赫迪厄搭船穿過地中海南下，同袍「都是馬耶訥與諾曼地的粗俗文盲，其中有些不太聽令[18]。」他在船上「想方設法欲說服同袍」反對這場戰爭，卻徒勞無功。這些同袍對阿爾及利亞成見已深，對阿爾及利亞人亦然。他嘆道：「即使他們尚未踏上阿爾及利亞半步，卻早已天天受種族主義薰陶，並對軍中長官徹底服從。」他感到孤立，數月間在沙漠城市謝里夫防衛一處彈藥庫，對抗游擊隊的襲擊，後來再調派到首都阿爾及爾。

戰事愈演愈烈之際，布赫迪厄仍硬是在阿爾及爾軍營裡的小寢室寫著博士論文，逃避這場恐怖而不義的戰爭，這也讓他漸漸對哲學感到幻滅。先前他待在不食人間煙火的巴黎學術圈，跟許多法國年輕知識分子抱持相同信念，認為沙特與梅洛龐蒂等名家的抽象哲學是解讀世界之鑰。如今他置身於阿爾及利亞的恐怖戰場，實在**很難相信光靠抽象哲學就能解釋真實世界**。

一九五五年下旬，阿爾及利亞叛軍不只襲擊彈藥庫，還會割斷法籍士兵與人民的喉嚨。法軍以殘酷手法予以還擊，挨家挨戶逮捕數千名叛軍疑犯並折磨拷打，轟炸一處處村落，把成千上萬人趕出原本的山區村落，關進條件惡劣的準難民營。布赫迪厄改變主意，決定不再探討梅洛龐蒂的哲學，轉為描寫阿爾及利亞的真實情景：「我想告訴法國人民……這個他們近乎一無所知的國家裡到底發生了什麼事……這樣或許能有些作用，而且大概有助我擺脫幾分罪惡感，不再只是眼睜睜目睹這場可惡戰事卻只能袖手旁觀[19]。」為了達到這個目標，他轉為投入剛由李維史陀帶起風潮的學門：人類學。

跳脫哲學，人類學才能釐清來龍去脈

有些人對布赫迪厄擁抱人類學的做法大惑不解。一般認為人類學是一個奇怪的學門：在外人眼中，人類學既難定義又難理解。人類學在現代學界無所不在，卻又處處不在。英文的「人類學」（anthropology）這個字源自古希臘（「anthropos」，字面意思為「對人類的研究」），而根據史料記載，最早對人類文化展開系統性研究的大概是古希臘歷史學家希羅多德（Herodotus），時間在西元前四百五十年左右（希羅多德在描述希臘與波斯的戰爭時，花許多篇幅分析比對兩者的文化差異，認為他們屬於不同的社會系統與模式[20]）。

後來在十七世紀與十八世紀，哲學家大衛・休謨（David Hume）等名家提倡「研究人類的本質」，人類學的概念重新出現。十九世紀，概念茁壯為一門學科。人類學家厄納斯特・蓋爾納（Ernest Gellner）說：「十九世紀中葉不久，人類學誕生，並受兩大思想深深影響：進化論與殖民主義[22]。」十九世紀的歐美菁英覺得有必要了解非洲、亞洲與美洲的「異地人」（背後原因通常是想加以控制、收稅或讓他們改信基督教，甚至三個目標都想達成）。

此外，生物學家達爾文（Charles Darwin）發表進化論以後，各界忙著探討何謂人類。生物學家與動物學家試著探討動物界的演化歷程，歷史學家與社會科學家研究人類在過去數世紀如何從「原始」走向「進步」。有些研究繞著人類體型的實際演化打轉，有些則關注社會與文化層面。蓋爾納指出：「白種人在歐洲與北美大舉征服原始文明以後，自然想到他們能充當時光機。基於對過去的好奇，對人類起源的好奇，人類學應運而生[23]。」

十九世紀的蘇格蘭學者詹姆斯・弗雷澤（James Frazer）是其中一位先驅。他蒐集世界各地有關神話與傳說的大量資料，寫成重要巨作《金枝》（*The Golden Bough*），探討人類意識與文化如何從「原始」走向「開化」。許多其他人類學家也採取類似的「進化」觀點。

十九世紀末，法蘭茲・鮑亞士對北美原住民展開類似研究。鮑亞士原本是植物學家，卻在造訪北極之際，好奇愛斯基摩人對雪的分類，轉為投入文化人類學研究。他蒐集愛斯基摩人的工藝品等研究素材，試圖探討他們的風俗習慣與「原始」思維，加以分類討論，但接著他冒出一個別開生面的想法：也許根本不該認為人類社會是依照單一路徑往前進化，也許不同文化該按本身特質獨立探討。

在十九世紀進入二十世紀之際，這種反對進化論的觀點逐漸風行：人類學家慢慢不再認為非西方文明絕對較差，進步程度不如歐美，只應當作負面的歷史模型。

布朗尼斯勞・馬林諾斯基（Bronislaw Malinowski）是這個轉變的一大代表。馬林諾斯基是波蘭裔，生於前奧匈帝國境內，畢業於倫敦政經學院，起先投入比較過時的人類學研究領域，以澳洲原住民為探討對象，但在第一次世界大戰爆發以後，他發覺他可能因為自己的敵國出身在澳洲遭到拘留，於是逃到巴布亞紐幾內亞附近的特羅布里恩群島，結果由於戰爭之故，在那裡滯留得比預期更久。

因為這個機緣，他不再只是進進出出蒐集各種研究素材，供日後在遠方舒服的圖書館裡加以研究，而是在特羅布里恩群島的村子裡搭帳棚，花費數月跟村民一起生活，好好觀察，像在牆上旁觀的一隻蒼蠅。他開始認為不該把特羅布里恩人貼上「落後」的標籤。正巧相反，特羅布里恩文明具有自己獨到的優點與韻味。「庫拉儀式」（Kula）是個好例子，這種精心儀式是指不同島嶼的居民彼此交換貝殼，在外人眼中也許顯得怪裡怪氣，根本沒有意義，尤其貝殼看似既無價值又不實用，但馬林諾斯基指出庫拉儀式代表著精緻複雜的體系，具備重要的社會功能，不只界定交換者在群體裡的身分，也提升彼此的關係與信任。

一九二二年，馬林諾斯基依據研究成果寫出《南海舡人》（*Argonauts of the Western Pacific*），改變了人類學。世界各地年輕一輩的人類學家開始從事「參與式觀察」與「民族誌研究」，深入觀察研究對象，詳加描述記錄。伊凡．普理查（Evans Pritchard）等英國人類學家跑到蘇丹，約翰．芮克里夫布朗（John Radcliffe-Brown）跑到安達曼群島，美國人類學家瑪格麗特．米德跑到法屬玻里尼西亞，露絲．潘乃德（Ruth Benedict）先後來到澳洲與日本，克里佛．紀爾茲跑到巴西，莫里斯．布洛克（Maurice Bloch）離開法國前往馬達加斯加島。

在這新的一批人類學家展開研究之際，人類學一分為二，一派在美國稱為「文化人類學」（在歐洲稱為「社會人類學」），關注文化與社會；另一派稱為「體質人類學」，研究人類演化與生物學。起初兩派有些重疊，但當人類學家開始研究現今的社會系統，人類演化逐漸顯得不太相關，有些人類學家於是轉向其他學門，例如：語言學。

法國哲學家李維史陀正屬佳例。最初他研究語言學與哲學，恪遵法國學術傳統，但他跟布赫迪厄一樣，逐漸厭倦於抽象沉思。李維史陀後來回憶說：「我從小對所謂不合理的東西感到困惑，很想理出混亂背後的來龍去脈。結果我成了人類學家……原因不是我喜歡人類學，而是我想跳脫哲學。」

一九四〇年代後半，李維史陀對神話與傳說起了興趣，認為研究全球的神話有助了解認知系統的運作方式。他提出「結構主義」（structuralism），認為人類傾向於把資訊區分為不同類型，以二元兩極標示（跟電腦的二進制類似），這些類型由神話或宗教儀式等文化常規加以彰顯並強化。這個理論架構跟馬林諾斯基帶起的參與式觀察不太相關，但李維史陀從世界各地蒐集大量資料佐證他的論點，在一九五〇年代陸續出版著作，諸如《親屬關係的基本結構》（*The Elementary Structures of Kinship*）、《憂鬱的熱帶》（*Tristes Tropiques*）與《野性的思維》（*The Savage Mind*）等，廣獲各方讚譽，還讓歐洲知識圈對人類學這個冷門領域產生興趣，包括原本志在哲學的布赫迪厄也把目光投向人類學。

辦公空間反映員工的工作思維

一九五七年，阿爾及利亞全面爆發大戰，剛巧布赫迪厄期滿退役，但他仍想「解釋」周遭目睹的一切，了解阿爾及利亞文化，於是他退役後向阿爾及利亞大學申請教職，一頭栽進求知之路。他說：「對於觀察見證的簡單欲望驅使我……拚命埋首研究[27]。」他的做法跟哲學研究不同，也跟諸如經濟學等任何光是坐在椅子上思考的學科相異。他有時搭巴士造訪阿爾及利亞的窮鄉僻壤，有時搭法軍的便車，有時私下跟阿爾及利亞的當地朋友四處勘查，坐在當地人之間，靜靜觀察，提出疑問，跟一般民眾朝夕相處[28]，但是這樣做很瘋狂，也非常危險。

阿爾及利亞鄉間有不少叛軍與法軍，有些鄉下老人會把他拉到一邊說：「沒人會來這裡聽一聽法軍是怎麼折磨我們[29]。」法國軍官則描述阿爾及利亞極端分子如何割斷法籍婦孺的喉嚨，並在路邊埋設炸彈。布赫迪厄在山區看見男人把槍藏在白袍底下，「山區跟海岸一樣陷入戰火」，而且「咖啡店的大門搭起鐵絲網，防止手榴彈攻擊[30]。」可是布赫迪厄不肯打退堂鼓：「（我）會不顧危險與英雄主義無關，只不過是出於深沉的悲痛與焦慮[31]。」跟馬林諾斯基一樣，布赫迪厄想湊近細品真實世界，想了解阿爾及利亞人用來分類世界的心理地圖（mental map）。

布赫迪厄是在阿爾及利亞的山區首次把想法化為完整理論。在研究期間，他跟屬於西北非柏柏族的卡拜爾人長期相處，發現他們嚴守一套房屋配置標準，住宅蓋得方方正正，前門朝向西方，門口對面擺放大大的織布機，屋內絕對分為兩個空間，以矮牆隔開，其中一半通常地面稍微高些，也更寬敞明亮，擺著一部織布機，用來招待賓客與安排餐宴，還供男性休息睡覺，另外一半通常地面較低，也更狹窄陰暗，動物養在那裡，婦女小孩睡在那裡，日常用品、綠色作物與任何溼答答的東西都堆放在那裡。

布赫迪厄問他們為什麼按照這種房屋樣式，他們聽完一頭霧水。對他們而言，這樣安排空間、物品與家人再正常不過了。他們從小到大都是如此，換成別種配置反倒奇怪。如果有人建議他們把溼答答的東西堆放在男性睡覺的那一邊，他們會哈哈大笑或嗤之以鼻，就像如果你建議美國人把洗髮精擺在車裡，或者把冰箱放在床下，他們也會大為訝異。對卡拜爾人而言，這種房屋配置模式才是正常做法。

然而，身為局外人的布赫迪厄並不認為只能死守這種配置模式。此外，他發現這種配置模式反映其他文化層面。卡拜爾文化認為男性高於女性，雙方有所區隔，而公共地方與私人地方同樣有別。此外，當地宗教強調「溼」（「生育」）與「乾」的區隔。**房屋配置反映文化與心理**，並回過頭強化空間、內心與身體的微妙交互影響。這種房屋配置反映他們文化常規下的男女互動模式，而每當他們踏進屋裡，這些常規變得更根深柢固，變得更理所當然。

卡拜爾文化並非特例。任何人類社會都是如此。舉紐約市政府為例，彭博當上市長以後，發現**辦公室的配置方式恰好反映同仁的工作思維**，當消防員是坐在專屬部門裡，背後思維就是消防員屬於專門團隊，該跟別人有所區隔。可是正因為消防員跟教師等其他職員的座位分開，我們更認為他們該自成一組。建築反映我們對世界的想像，辦公室配置也源自我們的分類系統。**環境往往影響到我們的生理、心理與社會層面**，儘管我們自己並未察覺。簡言之，習慣會有影響。

了解社會的最佳方式——從局內觀之，也從局外觀之

一九六一年，布赫迪厄離開阿爾及利亞。那時由於法軍採取殘酷手段打擊叛軍之故，各地紛紛起而反抗（因為法軍的做法太過適得其反，當美國在五十年後進攻伊拉克之際，軍方高層播放電影《阿爾及爾之戰》〔*The Battle of Algiers*〕給軍官觀看，藉此說明在中東該避免的做法）。最後反抗愈演愈烈，法國政府決定撤軍，當地的法國移民一肚子氣，找反戰的法國知識分子報復，布赫迪厄為求保命，只好逃離阿爾及利亞。

布赫迪厄返回巴黎，在學界找到不錯的工作，跟知名社會學家雷蒙・阿隆（Raymond Aron）共事。照理說，布赫迪厄的下一步該是建立名聲，成為深諳阿爾及利亞的人類學家，畢竟人類學家應研究非西方的異文化，例如：柏柏族的卡拜爾人。然而，布赫迪厄再次叛逃。先前在一九五九年，當他派駐阿爾及爾之際，他曾返回法國庇里牛斯山區探望家人，結果對家鄉情景大感興趣。他發覺法國的鄉下正如卡拜爾人，也遵守許多規則、模式與社會規範，而且自認這些規則十分正常，儘管在外人看來卻很奇怪。

布赫迪厄提出一個大膽計畫，找一位名叫阿德爾馬雷克・沙亞德（Abdelmalek Sayad）的阿爾及利亞年輕學生跟他造訪庇里牛斯山區。先前布赫迪厄跟沙亞德一起在阿爾及利亞做

過研究，可謂合作無間：沙亞德是當地的局內人，了解阿爾及利亞文化，布赫迪厄則是來自法國的局外人，能洞察沙亞德視而不見的阿爾及利亞特定文化模式。布赫迪厄認為換個方向同樣可行：沙亞德在法國是局外人，能看見法國人無法察覺的奇怪地方。

這不是蘇格蘭學者詹姆斯．弗雷澤等維多利亞時代先驅當年想像的人類學。布赫迪厄如同把殖民權力架構上下翻轉，把法國鄉下人跟北非卡拜爾人等量齊觀。布赫迪厄相信**了解社會的最佳方式是懂得切換觀點，既從局內觀之，亦從局外觀之**。於是布赫迪厄與沙亞德把當初在阿爾及利亞的模式如法炮製：他們在法國西南部山區兜來逛去，衡量比較事物，觀察日常生活，跟當地居民攀談。

有時布赫迪厄會找他父親同行，藉此更像局內人，深切貼近當地文化，至於其他時間，布赫迪厄則刻意設法當個局外人。他後來說：「視角轉變（從局內人變旁觀者）的最明顯跡象是我大量運用攝影、地圖、事前規畫與各類數據[32]。」在不斷轉換視角之際，他對法國文化有了嶄新洞見，而且在個人層面意外獲得解放。二十年前，他感覺遭勢利的法國文化排拒在外，滿心惱怒，但如今他明白兒時那股憤怒情緒竟然另有好處，教會他如何留意不同文化模式。現在他不想摧毀階級文化，反而想加以探索。

文化習性，塑造人類的行為與思維

之後幾年，布赫迪厄把目光超越家鄉，擴及西方世界。他分析法國菁英階層，研究他們在飲食、藝術與家具擺設等具體方面的選擇，藉此定義現代法國社會——並區分為不同社會群體。在知名著作《差異》（*Distinction*）中，他分析普通行為（例如：是否在餐廳點馬賽魚湯）如何形同社會標籤，把人區分進不同團體。這類生活裡稀鬆常見的微小決定並非毫無意義，反而不斷展現權力關係並加以強化。基於對美麗、醜陋、俗氣、時髦或酷炫等的標準，我們把他人（及事物）區分進特定的心理與社會「桶子」。

接下來，布赫迪厄轉為研究美國的藝術資助圈、攝影的本質、現代媒體運作，還有政治團體行為。他一窺法國教育體系，探討巴黎各大學背後的學閥門派。他也關注法國社會最窮的底層，設法了解「一貧如洗」的貧民，在惡名昭彰的巴黎市郊是過何種生活。無論他走到何處，都熱切觀察與傾聽，設法不斷遊走於局內人與局外人的相異視角，找出局內人習焉不察的社會模式，融合馬林諾斯基的參與式觀察與李維史陀的研究方法。他表示：「我花大把時間聽別人交談，地點包括：咖啡廳、滾球場、足球場、郵局、雞尾酒會、音樂會，還有其他社交場合。我接觸到各式各樣的想法，這些想法或古或今，對我相當陌生……包括：貴族、銀行家、巴黎歌劇院的舞者、法蘭西劇院的演員、拍賣商和公證人等，設法融入（他們的世界）[33]。」

他總共寫出五十七本著作，提出許多理論，其中五個很重要的理論值得一提，因為這五大理論替本書提供理論框架。

- 第一，布赫迪厄認為人類社會創造特定思維模式與分類系統，由成員加以吸收內化，從而當作空間、成員與想法的安排依據。布赫迪厄把這種實際社會影響稱為「習性」（habitus），**一個環境裡的習性模式不僅反映我們頭腦裡的心理地圖與分類系統，還會加以強化**。
- 第二，布赫迪厄認為這些模式有助複製菁英階級。**由於菁英階級樂於維持現況，他們會設法強化既有的文化、規則與分類方式**。或者換個方式講，菁英階層若欲保持長期不墜，不僅要控制實際資源，或套用布赫迪厄的講法是控制「經濟資本」（金錢），此外，還要控制「文化資本」（權力象徵）。當菁英獲取文化資本，地位就更形鞏固，顯得理所當然。比方說，布赫迪厄當年在寄宿學校的有錢同學就是如此，他們展現許多微妙瑣細的文化信號，藉此「自然」流露出地位與力量，跟布赫迪厄等普通學生區隔開來。

- 第三，布赫迪厄不認為菁英（或其他人）在刻意製造這種文化與心理地圖，而是一半出於無意間的直覺，出於「意識與無意識的邊界」。習性不只反映社會模式，也加深社會模式，使之顯得理所當然。**菁英與非菁英都受自身文化環境左右**。
- 第四，論及一個社會的心理地圖，布赫迪厄認為**真正重要的不僅是表面強調之處，還有祕而不宣之處。沉默具有意義，最終反而顯眼，特定議題自然遭到忽略，因為大家早已把這些議題視為無趣、禁忌、平淡或無禮**。布赫迪厄指出，任何社會都是有些議題能自由討論，大家得以各抒己見，甚至讓主流與異議彼此衝突，但除此之外，許多議題根本從頭到尾未經討論，而這背後沒有明確原因，純粹因為大家習慣忽略這類議題。布赫迪厄說：「最具威力的意識形態根本不必明言，便由大家默默接受[34]。」那群在跳舞會場不跳舞的局外人正是如此。
- 第五，布赫迪厄的研究隱隱暗示一點，那就是人們不必然會囿於自身所處環境的心理地圖。**我們不是經過程式設定好的機器人，只能盲目從事特定行為，而是有所選擇**。當布赫迪厄剛踏上學術之路，法國哲學家沙特指出人類擁有自由意志，能自由選擇採取何種思維。相較之下，李維史陀採取南轅北轍的論點，他認為人類的思考無法脫離固有文化模式，注定囿於自身環境。

布赫迪厄反對這兩種論點。更準確來說，他是走在這兩個極端之間的中庸路線。他不認為人類是自動遵循文化規則的機器人，甚至他根本很討厭「規則」這個字眼，寧可稱之為文化習慣。可是他也同意**習慣與習性會形塑行為與思維**，一個社會的心理地圖甚具威力。然而甚具威力不等於所向披靡。我們會受所處的實際環境與社會環境影響，卻不必盲目，有些人能想像不同的分類體系，甚至像布赫迪厄這樣在界線上來回遊走，既在局內，又在局外。

人類學，是一種人生態度，幫大家更了解世界

二〇〇二年，布赫迪厄過世。他在法國堪稱是知名學者，法國大報《世界報》（*Le Monde*）以頭版刊出醒目標題：「皮耶．布赫迪厄辭世！」在法國以外，他沒這麼家喻戶曉，但他以一生清楚象徵人類學在西方世界的演進變化。人類學不再只是研究「他者」，不再只是探討奇異陌生的非西方文化，而是可以研究「自身」，亦即（至今依然主宰學術論戰

的）西方人類學家可以探討自己的文化。在布赫迪厄提出這個看法以後，許多人類學家陸續耕耘，共同替人類學走出一條嶄新大道。

英國人類學家凱特．福克斯（Kate Fox）正屬一例。她父親羅賓．福克斯也是人類學家，畢業於倫敦大學，任教於美國羅格斯大學，走的是傳統路子，研究新墨西哥州的科奇蒂印第安人，攜家帶眷在老舊村子做研究。凱特．福克斯回憶說：「多數小娃娃是躺在嬰兒車或嬰兒床上……我當年卻是被綁在科奇蒂印第安人的搖籃架上[35]。」這一段跳脫邊界的經歷讓她留下深刻印象，她最終也走上人類學研究之路（值得一提的是，許多人類學家在兒童或年少時代經歷過異文化衝擊，包括我也是）。

當她展開研究的時候，她卻決定不要探討「異國」文化，而是探討自己身處的英國社會。後來她出版《瞧這些英國佬》（*Watching the English*）一書，分析英國的風俗習慣，從賽馬規範到閒聊話題，無所不包，其中一段寫道：「人類這個種族著迷於訂立規則，每個社會都有一套飲食禁忌、送禮規則、髮型規矩、跳舞守則、問候方法、待客之道、玩笑講法和育兒法門等。我不懂為什麼人類學家非得大老遠跑到偏僻地方研究古怪的部落文化，探討他們的奇異信仰與神祕風俗，搞得自己患上痢疾，但其實天底下最古怪費解的部落不就近在眼前嗎[36]。」

許多人類學家走上這一條道路，不只是研究西方世界，而且還是探討其中最現代與複雜的層面。二十世紀末尾，明尼蘇達大學人類學教授何凱倫（Karen Ho）花許多年研究華爾街各家銀行的習性，採取布赫迪厄研究卡拜爾文化的那一套架構，探究銀行人員的思考傾向[37]。另一位美國人類學家凱蒂琳．扎盧（Caitlin Zaloom）研究芝加哥與倫敦的金融交易員[38]。英國人類學家愛麗珊黛．烏魯索夫（Alexandra Ouroussoff）研究信評機構[39]。

美國賓漢頓大學的道格拉斯．霍姆斯（Douglas Holmes）分析各中央銀行，探討歐洲央行與英格蘭銀行等如何以發言及緘默影響市場[40]。康乃爾法學院的安娜莉絲．里斯（Annelise Riles）探討國際律師對金融的看法[41]。受僱於英特爾的人類學家吉拉汀．貝爾（Geraldine Bell）研究電腦文化。受僱於雅虎公司的達娜．博依德（Danah Boyd）自稱為「數位人類學家」，研究社群網站如何形塑美國青少年[42]。

相關例子不勝枚舉，目前正有數千名人類學家在企業、政府、大都會或小村落投入類似研究，但無論研究地點何在，都具備某些特點：關注真實生活，多半採取參與式觀察；試圖串起社會全局，而非著重一小角落；分析表象與現實的鴻溝，探討現今社會的意在言外之處；最重要的是，熱切關注於「對人類的研究」，像布赫迪厄那樣探討形塑人類的文化模式，無論這些模式是公開說出或祕而不宣。

但是在布赫迪厄過世之際，有件事顯得諷刺：儘管他幾十年來在人類學界具有舉足輕重的地位，卻不再自稱「人類學家」，反而自稱「社會學家」。部分原因在於巴黎一所大學給他「社會學教授」的寶貴教職，另一個原因則是人類學與社會學在二十世紀逐漸難以界分，人類學家開始研究錯綜複雜的西方社會，社會學家展開更貼近現實的田野研究，兩個學門的分野變得模糊不清。

總之，布赫迪厄認為去煩惱學術分野與標籤未免太過可笑，受學科框限實在不是好事，各大學想劃分出互相競爭的不同科系更非他所樂見。在他看來，**「人類學」不該淪為自我局限的學術標籤，反而該是一種人生態度，如同知識的三稜鏡，供大家用來追求知識，助大家更加了解世界，並跟經濟學與社會學等學門融會貫通。**

想駕馭穀倉，你得像人類學家

如果你想成為人類學家，你不必進大學取得博士學位，但你必須抱持謙遜態度與好奇眼光，樂於質疑、批評、探索並挑戰各種想法，從嶄新角度觀看世界，反思原本習以為常的分

類系統與文化模式。先前美國地位最隆崇的女人類學家瑪格麗特・米德（Margaret Mead）表示：「人類學研究講求的是開闊心胸，妥善觀察與傾聽，在愕然間做下紀錄，探索原先根本猜想不到的現象[43]。」

這講法很開放，意指人類學能運用到許多領域。舉我自己為例，我當初是走傳統路線進行人類學博士研究，花數月待在塔吉克的偏遠山村，採取馬林諾斯基的參與式觀察，身穿當地服飾，住在當地人家，幫忙做日常瑣事，觀察其他村民，研究他們如何藉婚禮儀式表現宗教信仰（我的結論基本上是，塔吉克村民善用婚禮儀式與符號、空間劃分方式與姻親連繫，藉此定義社會族群，在理應崇尚無神論的共產體系下維持穆斯林身分）。不過當我見識到人類學界，我也像布赫迪厄般心生失望。

儘管人類學崇尚綜觀大千世界，大學裡的人類學系卻出奇封閉，宛若學術象牙塔，簡直不食人間煙火（部分原因在於人類學往往吸引到擅長傾聽與觀察的人，不是愛置身鎂光燈下的人，而且或許由於他們大量研究各類組織，結果變得不太願意跟當權者打交道，對參與組織興趣缺缺）。相較之下，我樂於跟世界多加互動，所以抓住機會進入媒體業這個我能發揮觀察與分析所長的地方。撰寫報導就跟人類學家從事快速約會沒有兩樣。

不過一旦你像我這樣做過人類學研究，你不會失去那份視角。**研究人類學能改變你看世**

界的方式，在大腦植入特殊晶片，在眼球放入特殊鏡片，形同直覺反應；也就是說，無論你走到什麼地方，無論你從事什麼工作，你都會探討不同社會元素如何彼此互動，關注表象與現實的差異，察覺儀式與符號的隱藏功用，找出祕而不宣的社會因子。

只要受過人類學的洗禮，一輩子都會抱持既在局內、又在局外的雙重眼光，不會光憑表象徹底論斷，且時常一心追問：為什麼？換言之，人類學讓你成為相對主義者，永遠抱持好奇，永遠心存懷疑。這種探詢眼光運用在其他領域能增進分析水準，如同鹽巴能替食物增添風味一樣。

我當然不會說只有人類學能帶來雙重眼光，進而有助質疑周遭既定的文化模式。我們都認識有些人生來懂得質疑文化常規，看穿故事背後的故事，擅長分析社會模型，卻從未學過人類學。不過我們也認識許多人對世界毫無質疑，甚至老實講，多數人從未分析或質疑自己所處的文化模式（或文化習慣），不反思周遭環境，不質疑既存思維。可是重點在此：**無論我們是否受過人類學的正式訓練，都有必要思考我們所用的文化模式與分類系統。辦得到，則由我們駕馭穀倉；辦不到，則由穀倉駕馭我們**。

此外，當穀倉駕馭我們，後果將不堪設想。接下來幾章會詳加解釋，首先，從索尼（跟他們獨特的「章魚甕」）開始。

第2章

章魚甕：穀倉如何拖累革新

「在我任職於IBM的期間，我發覺文化不是遊戲的一個層面，而是遊戲本身。」

——IBM電腦前執行長路．葛斯納（Lou Gerstner）[1]

拉斯維加斯金沙會展中心的威尼斯會議廳，十分豪華寬敞，裡頭人人默不作聲，但興奮激動。數百名科技記者與電子專家坐在巨大螢幕前方，螢幕兩側是華美梁柱與朱紅天鵝絨布幔。光線變暗，螢幕上出現一隻巨大的電腦動畫老鼠，鼠鬚左搖右晃。牠是一九九九年賣座的兒童電影《一家之鼠》的一個角色。

那隻老鼠以尖銳嗓音宣布日本電子暨媒體集團索尼公司近來的創新成果。「可是大家不會只想聽我講！唉呀！我還是把舞臺讓給出井伸之（Nobuyuki Idei）——伸之之之之之！」牠在動畫繪製的廚房裡邊跳邊說：「也就是索尼的執行長，索尼尼尼尼尼[2]！」這時，一位嚴肅莊重的高個子日本男性站起身來，笑聲開始止息。每年十一月，全球電子科技產業的龍頭巨擘都齊聚於拉斯維加斯秋季電腦展。前一天，也就是一九九九年十一月十三日，微軟的傳奇創辦人比爾．蓋茲（Bill Gates）才剛在演說中表示，全球即將面臨重大革新[3]。

現在換出井伸之負責第二場重點演講，觀眾很想知道索尼會如何因應變局。二十年前，索尼靠隨身聽席捲市場，大獲成功，改變成千上萬名消費者聽音樂的方式，從此以「創新搖籃」聞名。索尼在一九六〇和一九七〇年代生產收音機與電視，在一九八〇年代推出攝影機、數位相機和錄放影機，在一九九〇年代改為投入電腦產業，並建立一個立足美國以外的影音帝國，推出《星際大戰》與《一家之鼠》等賣座強片。

但這家成功企業能否適應網路時代？能否推出如同隨身聽的熱賣產品？出井伸之知道觀眾對他的演講寄予厚望，決心不讓大家失望。他鄭重的告訴觀眾說：「網際網路與高速網路對我們既是威脅也是機會。」接下來，他把數位革命比擬為千萬年前「毀滅恐龍的巨大隕石」，因為數位革命可能大幅衝擊傳統企業。他斟字酌句，補上一句英文：「我們現在是一家寬頻娛樂公司，以後也是如此[4]。」他這輩子在索尼的全球巨大體系裡一步一步往上爬，在日本與美國都待過。

出井伸之旁邊坐著知名導演喬治・盧卡斯（George Lucas），他說：「我一直不想寫《星際大戰》二部曲的劇本呀！」這句話惹得哄堂大笑，但他繼續解釋說，索尼的新產品正在改變《星際大戰》與其他電影的拍攝方式：「無論我想像出什麼，我知道螢幕上都呈現得出來。就是這樣。這是一次革新，而我身在其中，能活著迎向這時刻真是美好[5]。」

現場激動不已。索尼高層人員展示更多新產品，像是電玩主機 PlayStation（簡稱ＰＳ）的最新機種。澳洲網路公司「全面視界」（Total Peripherals）的行銷經理提摩西・史塔成（Timothy Strachan）說：「光是喬治・盧卡斯會上臺就太酷了。我在這行待了十三年，很高興看到索尼推出ＰＳ２這樣的電玩主機[6]。」接下來，披頭散髮的吉他巨星史蒂夫・范（Steve Vai）上臺了，跟其他身穿極整齊白襯衫的日籍高層相映成趣。出井伸之請他當場彈奏吉他，樂音湧洩而出，接著他拿出一個跟口香糖包裝差不多大小的裝置，說明這是索尼的另一項創新產品：名叫「記憶卡隨身聽」的數位音樂播放器。

負責索尼北美業務的圓臉英籍高階主管霍華・斯金格（Howard Stringer）起身接下那個裝置，以「BBC式英語」的清晰短促英國腔說：「注意聽！」那個裝置很小，琴聲卻無比清晰。現場爆起掌聲。在場的記者與業界專家突然明白發生了什麼事：索尼先前在一九七九年以隨身聽改變全球民眾聽音樂的方式，如今想再創佳績，這一次是靠數位版本的隨身聽，適合網路時代的消費者。

結果會如何？一九九九年十一月那天置身於威尼斯會議廳的多數熱情觀眾會說：沒問題。畢竟索尼具備在二十一世紀靠新一代隨身聽再領風騷的所有條件，像是充滿創意的消費電子產品工程師、別具品味的設計師、完善的電腦部門、充分的電玩技術，還有博德曼音樂公司（BMG）的半數股份，包括：流行音樂之王麥可・傑克森（Michael Jackson）與吉他巨星史蒂夫・范都是其旗下王牌，其他公司根本無法匹敵，例如：三星、微軟、松下電器（Panasonic）或賈伯斯（Steve Jobs）的蘋果公司都及不上。

然而正當大家驚嘆不已之際，一件古怪事情發生了。出井伸之往前走，揮舞著第二個產品。那是一個筆型的數位播音器。他解釋說，那個產品也錄下了史蒂夫・范的吉他聲。說完樂音頓時再次響徹會場。

根據一般生意策略，這種產品展示方法非常古怪。消費電子產品公司發表新產品時，往往以簡單為原則，避免讓消費者（甚至自己的銷售人員）感到混淆。基本上，在同一個品項裡，他們一次只會發表一項產品，當年索尼發表隨身聽這項經典產品時，正是如此。但是現在索尼不只發表一項數位隨身聽產品，卻是發表兩項產品，而且各自採用不同的專利技術。不久之後，索尼甚至推出以「網路隨身聽」為名的第三項產品。三項產品彼此競爭，索尼似乎在自己打自己。

大家起先並未清楚意識到這種策略的風險，反而認為索尼在電子產品領域實在充滿創意。可是幾年後，索尼部分高層人士回顧在拉斯維加斯的那一天，發覺這些產品如同災難的前兆。**索尼在一九九九年發表兩項數位隨身聽產品而非一項的原因，在於過度分工。索尼這個巨大企業帝國的不同部門自行設計出「不同」的數位播音裝置，背後使用「ATRAAC3」這項跟許多設備並不相容的專利技術。各個部門（或曰穀倉）不僅無法協力開發單一產品，甚至無法妥善交換意見，無法統合出一套策略。**

結果慘不忍睹。短短幾年，索尼把數位音樂市場拱手讓人，任由蘋果公司靠 iPod 席捲消費者。比穀倉本身更驚人的是，索尼內部幾乎沒人發現事態不妙，起身改變過度分工的弊病。索尼落入部落主義，員工卻太過習慣這種模式，根本沒發覺不對勁。

某方面而言，這讓索尼跟其他社會團體並無二致。如同前一章所述，人類向來認為自己對世界的分類方式非常理所當然。布赫迪厄所研究的卡拜爾人讓男女分別住在房屋的不同地方，自認這樣非常正常；紐約市府員工認為消防部該跟其他部門有別，不同的數據資料應存放於不同的資料庫。同理，多數索尼員工認為電腦部門歸電腦部門，音樂部門歸音樂部門。

有些主管或員工確實發現這種分工模式的缺點，例如：負責北美業務的英籍主管霍華·斯金格就憂心忡忡。在索尼發表「互相競爭」的不同數位隨身聽裝置之後，斯金格花數年對抗穀倉，有時卻處理到哭笑不得。斯金格後來回顧說：「索尼犯了什麼錯？一大禍首正是穀倉。」

然而，在一九九九年那個簡直一頭熱的興奮日子，索尼的人員為新產品太過興奮激動，並未質疑公司的企業文化，讓成功衝昏了頭，看不到迫在眉睫的危機，沒發現舞臺上那些互相競爭的產品恰好象徵著公司未來的困境。

無所限制的腦力激盪，創造風靡全球的隨身聽

索尼起初不是官僚重重的企業巨獸。索尼草創於第二次世界大戰之後[7]，當時充滿非比尋常的靈活彈性與創新精神。傳統上，日本社會以階級與紀律儼然著稱，職員絕少更換工作，後輩不敢挑戰前輩，很少人敢冒險顛覆既存模式，這種特質在軍國主義盛行的一九三〇年代格外嚴重。然而在一九四五年日本戰敗以後，日本人有一段時間變得願意迎向改變。年長一輩往往喪命或下野，年輕一輩得以挑戰既定現況。

索尼就這麼應運而生。一九四四年，盛田昭夫（Akio Morita）與井深大（Masaru Ibuka）這兩個年輕人在一處軍事基地結識，後來聯手創辦索尼。他們分別在日本皇軍的不同單位研發追熱飛彈，兩人看似不盡相像，盛田昭夫年紀較輕，受過良好科學訓練，還繼承家中歷史悠久的清酒釀造事業；井深大受工程教育，個性粗魯，具反社會傾向，而且出身微寒。但是他們都對工程懷抱熱情，很想打破傳統桎梏。後來井深大想在東京市中心一處遭炸毀的百貨公司建立研究室，憑工程技能闖出一片天，他說服盛田昭夫放棄祖傳釀酒事業，跟他攜手創業[8]。

這家新公司起初有十幾名員工，資本額約為五百美元，投入的事業五花八門，像是製造

電鍋、販賣味噌湯，還在一處燒光的民宅興建小型高爾夫球場。接著索尼投入無線電維修工作，並試著仿製美軍帶進日本的一款錄音裝置[9]。這方向很不容易走：日本當時欠缺各類工具，製作錄音帶的唯一方法是先研磨磁石，用爐子加熱化學藥劑，再靠藥劑把磁粉黏上塑膠帶子。盛田昭夫回憶說：「（我們）靠手工做出第一批錄音帶。我們剪了夠繞成一小捲的帶子，然後把那條長長的帶子擺在工作室地板上，（但）我們一開始在磁粉那邊栽了跟頭……我們磨出來的磁粉的磁力太強……最後我們靠浣熊腹部軟毛做的好刷子才把磁粉塗上去[10]。」

到了一九五〇年，盛田昭夫與井深大研發出美式收錄音機的量產方法，開始以「東京通信工業株式會社」之名在日本國內販售收錄音機。接下來，井深大赴美拜會貝爾實驗室的母公司「西方電子」（Western Electric），以二萬五千美元的價格說服西方電子授權他們在日本製造收錄音機。東京通信工業株式會社開始在日本市場生產小巧的新型可攜式收錄音機，產品名稱為「口袋型收音機」，結果沒多久就大為暢銷，品牌名稱也改為「索尼」（Sony，原因是容易發音）。盛田昭夫表示：「日本人向來喜歡精緻小巧的玩意兒[11]。」

等到一九五〇年代末尾，盛田昭夫與井深大所創的這家公司跟當年簡直不可同日而語，營收超過二百五十萬美元，員工人數達到一千二百名。接著索尼陸續推出許多產品，表現蒸蒸日上。起先索尼關注於收錄音機，隨後在一九六〇年代研發出「單槍三束彩色映射管」，在電視技術上取得突破。索尼還投入錄影機與相機事業，但最為人津津樂道的熱賣產品還是隨身聽。

盛田昭夫說：「（隨身聽）這點子會成形，是有一次井深大帶著我們的行動立體聲錄音機和標準尺寸耳機過來我辦公室，（他）看起來不太開心，抱怨說那組太重了……（所以）我請技術人員拿出我們稱為『播報員款』的小錄音機，拆掉原本的錄音卡匣與喇叭，換上立體聲喇叭。我概略列出其他細部要求，包括極輕的耳機，結果耳機幾乎是最難的部分[12]。」起初員工認為盛田昭夫瘋了，沒人相信大眾會購買不具錄音功能的純播音裝置，有些員工也不喜歡「隨身聽」（Walkman）這個名稱，認為不合文法。盛田昭夫坦承：「我覺得我們做出一個很棒的產品，我感到興致沖沖，但我們的行銷人員顯得興致缺缺。」

技術人員立刻討論這個點子，全公司上下也都發表意見，畢竟從索尼在東京那間廢棄百貨的地下室草創以來，盛田昭夫與井深大就以**公司內部無所限制的腦力激盪**自豪。不過盛田昭夫與井深大一心往前行，可不願整場討論拖得太久。一九七九年，隨身聽問世[13]，隨即風靡市場，短短幾年就賣出二千多萬臺。盛田昭夫說：「我不認為任何市場調查會告訴我們說隨身聽能成功，遑論超級熱賣並引起眾多跟風，但結果這個小玩意兒確實改變全球數百萬人聽音樂的習慣[14]。」

自負盈虧帶來成長，卻也帶來短視近利

一九九〇年代後期，離盛田昭夫與井深大在百貨公司地下室草創公司相隔四十載，離隨身聽席捲市場相隔二十載，索尼任命一個新面孔擔任社長暨共同執行長：出井伸之。這項任命案象徵一次巨大變革。直到一九九〇年代初期為止，盛田昭夫與井深大都妥善領導索尼，但一九九二年和一九九三年，兩人在幾個月內相繼中風，最終住進同一家療養院，只能坐在輪椅上久久握住對方的手，安安靜靜，無法言語。

索尼總部宣布由盛田昭夫的弟子大賀典雄（Norio Ohga）接掌公司。大賀典雄在一九八九年接任執行長一職，但如同許多日本企業家般，空有頭銜卻無實權。雖然盛田昭夫據稱早已退休，對索尼仍甚具影響力，直到因病無法言語為止。在盛田昭夫病重之後，大權終於下放，大賀典雄登上舞臺，在外界眼中顯得傑出而有魅力，他不僅是工程師，還是音樂家[15]。可是他在公司裡不受愛戴，而且碰上索尼開始走下坡的時刻。一九八〇年代早期，西方經濟不景氣，消費電子產品的銷售量下跌，索尼的因應方式是降低價格，積極投入研發，卻因此獲利下降，負債升高。

大賀典雄明白索尼該更有活力才行，但他碰到幾乎所有成功企業都很苦惱的問題：公司

規模。一九五〇與一九六〇年代，索尼組織緊密，規模相對較小，運作甚具彈性。但到一九九〇年代後期，索尼有十六萬名員工，跨足收音機、電視、電腦、家電與電影等產業，知名的隨身聽事業也並未放掉，已不再是緊密的小型公司，而是複雜的企業巨獸。大賀典雄的做法是找自己的人馬拉近各個部門，制訂相應政策。他時常展現專斷作風，大膽做出決策。比方說，公司裡有些技術人員從一九九〇年代早期就想研發遊戲機，並取名為PlayStation。起初公司內部對這個主意抱持疑慮，正如先前對隨身聽採懷疑態度，但大賀典雄選擇不顧懷疑聲浪。韓國企業分析師張世真（Sea-Jin Chang）在一份有關索尼的著名研究報告說：「大賀典雄執意讓索尼自行踏入遊戲產業，置反對意見於不顧。他常說：『井深大讓索尼推出單槍三束彩色映射管電視，盛田昭夫讓索尼推出隨身聽，我則讓索尼推出PlayStation[16]。』」

這種專斷作風帶領索尼往前邁進，卻在內部引起諸多反彈。幾年後，出井伸之接替大賀典雄的社長職位，採取另一套做法。出井伸之跟兩位創辦人不同，他不是工程背景出身，而是長年在索尼擔任管理職務；他也跟大賀典雄不同，作風並不專斷獨行，而是偏向尋求共識。他檢視索尼當前的挑戰，認為要解決日益複雜與龐大的組織問題，最好的方法是把公司分為許多各自獨立的專業部門——或者套用管理顧問的用詞，是分為不同的穀倉[17]。

奇怪的是，出井伸之的這個分工想法是出自雀巢公司這家瑞士食品巨擘。出井伸之進過雀巢的董事會，發覺雀巢有一套獨特的運作方式。在第二次世界大戰過後的幾十年，多數大型跨國企業都像巨大的官僚組織，在單一架構下運作，但到一九九〇年代，歐美的商學院興起一種新思維，管理顧問與專家開始認為大型企業不適合採取單一架構，反而該切分為許多各自獨立與專職專責的不同部門（或曰穀倉），藉此提升透明程度、權責區分與運作效率。雀巢採納這個點子，推出一套驚人做法。

一九九〇年代期間，雀巢重訂組織架構，要求不同部門（例如：口香糖與巧克力部門）運作得如同一家家獨立企業，分別計算盈虧。各管理階層負責達到獲利、盈餘、銷售與投資等方面的特定目標，損益表採分開計算，成功與否一目了然。這種做法在金融圈很常見，倫敦或華爾街的大型銀行對交易員與經理人實行「有功才有賞」制度，但雀巢是第一家完全實行這種制度的消費者產品公司。出井伸之（與雀巢的其餘董事）認為這個制度運作良好。

出井伸之說服索尼高層按照類似架構重組公司。一九八〇年代，索尼採單一企業整體運作，底下區分為十九個產品部門，但一九九四年重組為所謂的公司系統，各部門整合為八個獨立事業體（分別負責消費者影音、零組件、紀錄媒體與電力、傳播、企業與產業系統、通訊、行動電子，以及半導體），至於遊戲、音樂、電影與保險事業也獲得更高的自主權，如同獨立運行的衛星。這不全然等同於華爾街銀行的「有功才有賞」制度，畢竟全公司員工的薪水大致固定，跟各部門的獲利無關。不過這些「公司」各有自己的管理高層，部門盈虧成為管理績效的衡量標準。

起初改革頗見成效。索尼這些「內部新公司」的高階主管知道自己要對盈虧負責，開始減少花費與借款，設法提高盈餘。一九九三到一九九七年，索尼的負債減少二五％，獲利暴增十六倍，從一百五十三億日圓提高到二千二十億日圓，股價從一九九四年的二千五百日圓上漲一倍至五千日圓。由於改革顯得無比成功，出井伸之從社長晉升為共同執行長（與大賀典雄共同擔任），最終成為唯一的執行長，帶領索尼深化改革路線。

一九九八年，八家公司重組為十個集團。一九九九年，十個集團重新整合為三家大型公司，底下有二十五家不同的「子公司」；二〇〇一年與二〇〇三年，這些獨立事業體二度重新改組。出井伸之一心靠多方嘗試找出最佳穀倉，他表示：「（我們想）簡化公司架構，藉此釐清權責與改變高層，更快因應外界變化。（我們須）減少上下階層……激勵企業精神，以求建立充滿活力的管理基礎，迎向二十一世紀[18]。」

然而，**儘管專業化穀倉讓公司顯得更有效率，至少短期如此，但有利也有弊。當新穀倉的管理階層發現要自負盈虧，他們開始試著「保護」自己的部門，不只對抗公司外的競爭對手，也對抗公司裡的其他部門，不願彼此分享點子，優秀人員不再跨部門輪調，合作程度降**

低，連創新實驗與長期投資也逐漸減少，大家短視近利，不願承受風險。

出井伸之明白這些問題。他在內部演講期勉員工採取「網路」心態，把各段生產線拉在一起。事實上，當記者問他為什麼索尼要不斷重組內部穀倉，他回答說目的是找出一種能鼓勵不同穀倉彼此互動的最佳體系。為了追求這個目標，高層宣布公司的口號為「團結索尼」[19]。不過說是一回事，做是一回事。時間流逝，各部門愈來愈不願合作，並因此反過來讓穀倉日漸堅固。在索尼的高牆外頭，娛樂、媒體與電子產品的世界瞬息萬變，如技術發展模糊掉軟體、硬體、內容與產品等不同分類。許多過去的分類系統變得冗贅，甚至過時。

可是放眼索尼內部，部門之間的高牆日漸堅固，結果索尼員工愈來愈說是一套，做是一套。索尼設法向外界呈現的形象是不斷推陳出新，不受窠臼所囿，樂於擁抱改變。出井伸之等高層人士時常強調「團結索尼」的概念，提倡兩位創辦人的自由探索精神，自認索尼的經營方針依然未變，始終遵循井深大在一九四〇年代第一份草創計畫書裡的價值：「公司目標：創造一個理想的工作環境，追求自由、活力與快樂。」

然而，布赫迪厄或任何人類學家都能立刻指出，理想與現實之間有一道巨大鴻溝。在索尼內部，員工緊守著他們所知的界線。時間過去，界線變得根深柢固，不僅左右公司的實際架構，也影響員工的心態想法，顯得自然而然，彷彿索尼就該這樣運作。正如紐約市府的消防檢查員很難想到可以憑房貸欠繳資料預測失火風險，索尼內部不同部門的主管也很難想到主動跟其他部門交換資料，即使他們都在面對相同的專案或問題，也不例外。

一九九〇年代初期，每個索尼員工都清楚知道隨身聽的輝煌日子逐漸逝去。有一段時期，索尼試著推出CD或MD的隨身聽，取代原本的錄音帶隨身聽，設法延續隨身聽的光輝，卻追不上消費者迅速迎向網路的腳步。索尼的技術人員開始試著以不同方式切入網路音樂市場，但各部門不是齊心協力，反而各行其是，消費電子產品部門研發記憶卡隨身聽，個人電腦部門則研發另一套產品，雙方並未彼此合作，也沒有跟索尼音樂娛樂事業群的行銷人員合作。

索尼在十年前收購美商哥倫比亞唱片公司，隨後設立索尼音樂娛樂公司，躍居全球最大唱片公司之一，握有極多音樂版權，但索尼音樂娛樂公司的高層害怕數位音樂浪潮會削減賣唱片的獲利，根本拒絕與其他部門合作，厭惡從網路下載音樂這個點子，反對數位隨身聽或任何類似產品。斯金格說：「大家都說索尼旗下有唱片公司是件好事，有助發展下一代的播音裝置，但結果壓根不是這麼一回事。」

深入合作、協力開發，讓蘋果打造 iPod，打敗索尼

相較之下，蘋果公司的企業文化截然不同。差不多就在索尼各團隊研發數位隨身聽之際，蘋果公司總裁賈伯斯好好跟一組技術人員著手開發自己的數位音樂播放器，沒有把技術人員分成不同部門。賈伯斯以專斷作風領導公司，反對內部穀倉，擔心主管會因為穀倉而保護既有點子，死守過往勝利，不願朝未來大步邁進。他認為蘋果公司該專攻少數產品，如果現有產品過時就一把拋開，好好抓住新點子。

《賈伯斯傳》（*Steve Jobs*）的作者華特．艾薩克森（Walter Isaacson）寫道：「**賈伯斯不想把蘋果公司拆成一個個半自主的部門。他密切控制所有團隊，促使全公司保持團結與彈性，共同計算損益得失。**」後來賈伯斯的接班人提姆．庫克（Tim Cook）也說：「我們沒有自負盈虧的『部門』，而是全公司一併計算盈虧[20]。」因此當談到數位音樂的未來，蘋果公司的技術人員是一起集思廣益，共同想出一系列橫跨不同產品類別的點子。

這種開放不拘的集思廣益換來豐碩成果。起初他們想開發一款跟隨身聽大同小異的產品，只差在能連上網路，也就是一種「單步驟」數位音樂播放器，使用者從網路下載音樂，然後隨時隨地都能播放。可是他們旋即發現這種單步驟設計有個重大缺點：依照現有技術，

儲存與編輯音樂很耗運算能力，任何單階產品能儲存的歌曲有限。如果他們用專利壓縮技術儲存歌曲，則跟多數音樂資料庫無法相容。

他們腦力激盪，最後決定採取創新的雙步驟做法。第一步是消費者用麥金塔或別種電腦從網路下載音樂，編輯進播放清單；第二步是把音樂轉到行動播放裝置，再隨心所欲播放。這種雙步驟做法的優點在於播音裝置不必編輯或下載音樂，也就不會耗用多少運算能力，整個裝置能盡量維持小巧輕便。此外，還有一個附帶好處，那就是鼓勵消費者使用蘋果推出的麥金塔電腦。《賈伯斯傳》作者艾薩克森說：「（賈伯斯）用的字眼是**『深入合作』**與**『協力開發』。開發過程沒有切成一段一段，從技術、設計、生產、行銷再到銷售，像接力般先後進行，而是所有部門同時通力合作**[21]。」

接著蘋果公司的技術人員進一步模糊產品界線，帶來更多革新。他們知道唱片公司不想讓消費者從網路下載音樂，因為這樣收不到錢，因此賈伯斯與同仁設法對抗侵權行為，讓唱片公司點頭贊同，最後他們想出「iTunes 商店」，供唱片公司以每首〇．九九美元的便宜價錢賣歌給消費者。這樣的利潤遠比賣唱片少，但唱片公司至少能抽取些版稅，更有意願與蘋果公司合作。為了提高銷量，蘋果技術人員讓這個平臺廣開大門，消費者用任何裝置都能連進來，不必非得用蘋果的產品。相較之下，索尼的數位音樂系統選擇自成一套。

二〇〇一年，蘋果公司推出自己的數位行動音樂播放器，也就是 iPod。這項產品相當小巧美觀，能放進上衣口袋，儲存大量歌曲，行銷口號為「把一千首歌放進你的口袋裡」。iPod 席捲市場，蔚為風潮，短短幾個月以後，「iPod」這名字本身就成為一個有力品牌，甚至定義整個產品類別，跟當年索尼的隨身聽不相上下。最後索尼承認失敗，黯然退出這塊市場，讓蘋果電腦獨占鰲頭。

找外國人擔任執行長，就能擺脫章魚甕？

二〇〇五年某個夏日，在溽熱的東京市區，數百名索尼員工齊聚在總部的一間大型會議室，見證一個原先無法想像的變革：前一年仍負責北美業務的霍華・斯金格升任執行長，負責掌管索尼。

這項任命案同樣反映索尼如何不再如日中天，反倒節節敗退。截至二〇〇五年，索尼不只在數位隨身聽上遭逢重大挫敗，連獲利也大幅下降，很難再以創新自居。索尼仍有明星產品，例如：電玩主機 PlayStation，但索尼沒有預料到平面電視的興起，結果失去電視市場的龍頭寶座，儘管仍推出經典的相機與電腦（後者採用優雅的紫黑色設計），卻不像蘋果公司能吸引一群狂熱粉絲。

索尼的投資者自然大驚失色。索尼的股價曾從一九九〇年代的約二千日圓迅速攀升，在二〇〇〇年達到一萬三百日圓，但在二〇〇一年網路泡沫化之後，股價摔至五千日圓左右，多年來，始終在這個價位浮浮沉沉。其他科技公司也同病相憐。然而，蘋果公司的股價走勢卻大不相同，在二〇〇〇到二〇〇五年之間，蘋果公司的股價暴增五倍。三星電子的股價也表現出色，在二〇〇〇到二〇〇五年之間，上揚五〇%，原因是三星正大舉攻城掠地，從索尼手裡搶下很大一塊電視市場[22]。對索尼而言，這是奇恥大辱。出井伸之會在二〇〇四年表示他要離開公司，可一點也不令人意外[23]。

索尼的高層與董事花數月討論接任人選。如同日本文化下的許多其他企業，執行長任命權並非握在某位特定人士的手上。照理說，董事會有權任命執行長，但整個決定要透過集體參與，而且許多人握有否決權。放眼索尼高層，就屬開發出電玩主機 PlayStation 的創新天才久多良木健（Ken Kutaragi）知名度最高，但他作風強硬又沒耐性，帶領電玩部門跟自己人大力競爭，樹敵無數。另外，還有較不起眼的人選，例如：中鉢良治（Ryoji Chubachi），他身形矮小，頭髮微禿，一輩子替索尼效命，目前正帶領消費電子產品事業群，但董事會知道投資人不會中意他，因為他不像能帶來耳目一新的變革。

大家提出一個個名字，最後基於孤注一擲等原因，斯金格竟然也進入候選名單，簡直出人意料。

斯金格生於英國威爾斯的首府卡地夫，父親是英國皇家空軍的飛行員。他就讀私立寄宿名校奧多中學，在那裡養成英國上流階級的典型作風，講究謙沖自牧，從牛津大學取得現代史學位以後，來到美國闖蕩，在哥倫比亞廣播公司（CBS Radio）擔任撰稿員，卻突然被徵召入伍，赴越南服役，當越戰結束後，回到哥倫比亞廣播公司，擔任節目製作人與記者長達二十年。他出身基層，剛開始是在《蘇利文秀》（*The Ed Sullivan Show*）的後臺接電話，後來一步一步往上爬，最終掌管哥倫比亞集團，並在一九九七年加入索尼，負責美國的媒體業務。他跨足英、美，既在紐約第五大道擁有一間雅致公寓，也在英國科茨沃德丘的翠綠沃野擁有一處莊園宅邸，說起話來仍操著英國腔。他沒住過日本，不會講日文，而且（照日本人的標準來看）甚至還沒替索尼工作多久。

後來斯金格回憶說：「深夜，有索尼的人從東京打電話給我，我忘了到底是誰打來，因為我接過很多這類電話，日本那邊就是這樣做事的。總之，他們問我是否願意擔任執行長。我想說他們瘋了，完全瘋了！我一再跟他們說：『我不是適合的人選。我不會講日語，也不會搬去日本。』如果在二〇〇〇年有人跟我說會發生這種事，我也許會回答說那麼我們可以在月球上開店。」

可是索尼高層並未放棄。他們認為索尼正面臨重大危機，斯金格的缺點反而突然變為長處：他是個新面孔，應能吸引外部投資人（尤其那時另一位外籍執行長卡洛斯．戈恩〔Carlos Ghosn〕正在深陷泥淖的日產汽車〔NISSAN〕大舉改革，廣獲各界稱譽）。日本這邊喜歡他的英倫性情，認為比美式作風更容易磨合。此外，正是因為他原本沒有待在索尼高層，不屬於任何內部穀倉或部落，更能自由揮灑，至少大家是如此盼望。接任社長之職並與斯金格共事的中鉢良治說：「如果想來一場大變革，一場徹底改頭換面的大變革，往往就會想另闢蹊徑，從遙遠的外國找人[24]。」

但斯金格會怎麼帶領索尼？他有辦法讓索尼擺脫頹勢嗎？二〇〇五年那個夏日，聚集在大會議室聽斯金格演講的索尼員工滿心緊張。日產汽車的新任外籍執行長戈恩以縮編聞名，享有「開支殺手」的稱號，索尼員工擔心這也會在索尼上演。然而斯金格的演講出人意料。他以英文開講，搭配一名吃力的口譯員。首先，他向卓越的各任前執行長致敬，向優異的技術人員致敬，接著話鋒一轉：「索尼這家公司有太多穀倉了！」

穀倉？滿場的日籍員工聽得一頭霧水。日本人不清楚「穀倉」（silo）這個英文單字，頂多知道「米倉」而已，口譯員甚至情急之下改譯為「章魚甕」，但這個詞選得無比貼切，完全捕捉到斯金格的意思。章魚甕是一種細頸的甕子，章魚想爬進去輕而易舉，要爬出來卻難如登天，如果你把手伸進去，很可能會卡得出不來。不過在場的索尼員工從沒聽過有誰用「章魚甕」來形容他們敬愛的公司，還想說是不是某種高明的英式幽默？斯金格見狀，繼續指出，索尼必須擺脫「章魚甕」，變得「更緊密」，妥善迎向二十一世紀的高科技世界。

日本企業文化的穀倉，該如何破除？

接下來數月，斯金格設法付諸實行。穀倉如同他的心頭大患，而多數索尼員工從未想過穀倉的問題，多半只待過索尼，只知道這一套企業運作模式。他們覺得過度分工沒什麼關係，這種模式根深柢固，顯得理所當然，就像布赫迪厄所研究的卡拜爾人認為住家理應隔成兩塊區域。索尼其實不是特例，其他企業的員工也多半認為自己公司的做法相當正常，只是日本人通常一輩子效命於同一家公司，這問題對索尼更是雪上加霜。

斯金格抱持不同看法。到二〇〇五年為止，他已在索尼工作將近十年，但他不是日本人，也不是工程師，職業生涯大多待在新聞媒體與娛樂產業，因此能想像另一套做事方法。由於媒體業那段經歷，他認為企業文化與組織愈靈活愈好，在哥倫比亞集團以擅長協調團隊合作聞名，連難纏的美國員工都能說服。他參與製作由丹・拉瑟（Dan Rather）擔任主播的知名晚間新聞節目，跟承受高度壓力的同仁合作無間，還說服知名主播大衛・萊特曼（David Letterman）從美國國家廣播公司跳槽，轉為加盟哥倫比亞廣播公司。一九九七年，他加入索尼北美分公司，把娛樂暨媒體部門管理得有聲有色，大獲好評。

斯金格想全面實行這一套做法，但他也明白這並非易事。他掌管北美分公司時，時常驚訝於穀倉的範圍之廣。雖然他能密切掌管娛樂事業，卻往往不清楚消費電子產品部門的動向，電玩主機部門也顯得神祕兮兮。他知道各部門之間很少合作。許多歐美同仁認為問題出在日本文化，或是出井伸之等索尼高層的管理風格。索尼紐約分公司一位高階主管指出：**「這裡的企業文化講究階級，員工就是要好好坐在位子上聽命行事。在這種文化下，當一個人擔任某個角色，他就變成那個角色——變得只剩單一面向。」**然而，斯金格認為問題不只出在日本文化。雖然索尼的問題特別嚴峻，但許多其他歐美企業也面臨穀倉運作不良的弊病，例如：微軟就以穀倉著稱，影印機產業的龍頭「全錄公司」（Xerox）亦屬一例。斯金格開始研究是否有哪些大型企業正面解決過穀倉問題，結果他留意到美國電腦業巨擘ＩＢＭ。

ＩＢＭ從許多方面讓斯金格頗受啟發。跟索尼一樣，ＩＢＭ在一九七〇與一九八〇年代大獲成功，在大型電腦產業可謂呼風喚雨，但大型電腦的市場在一九九〇年代初期開始衰退，ＩＢＭ不再以創新著稱，變得僵化卻自負，深受穀倉桎梏與內部鬥爭所累。一九九三年，ＩＢＭ董事會找路．葛斯納代替原本的執行長，而他決心大幅改組公司。原先ＩＢＭ分為軟體、硬體與服務等部門，跟索尼同樣囿於穀倉，但葛斯納逼使不同部門協力合作，重點不再放在大型電腦這個夕陽產業，轉為放在軟體等全新領域。葛斯納面臨重重阻力，但最終成功打破穀倉，寫下美國企業史裡數一數二的成功轉型故事[25]。斯金格與葛斯納取得連絡，向他詢問建議。斯金格後來表示：「葛斯納就像是老師一般，不斷地說：『你必須迎戰穀倉！你必須大膽無懼！』所以我決定照他說的做。」

斯金格把想法付諸實行。他請同仁把美國中西部的穀倉照片放進投影片簡報，讓困惑的日本職員了解何謂穀倉，並在一封公司內部信件說：「在企業界裡，『穀倉』這個比喻意謂著組織內部出現不同次文化，如同一座座孤島，沒有水平連繫，甚至缺乏上下連繫[26]。」他繼續解釋說，穀倉當然不見得百害而無一利，畢竟在企業規模變大以後，專業分工時常有利，甚至實屬必要，「企業界當初採取穀倉做法是想打造獨立自主的團隊，促進積極作為……培養團隊合作、融洽情誼、經驗共享與忠誠心態等。電玩主機 PlayStation 是穀倉運作良好的成功範例，當初能從頭打造出新產品，實現垂直整合的運作模式，自外於我們這家大型官僚組織並表現出色。」

然而，穀倉的問題在於內部可能變得太過封閉。斯金格在信裡說：「當一個團隊不跟其他團隊交流……（或）團隊內部各個階層缺乏縱向溝通，就會變得不再透明，無法妥善掌握公司其餘部門或世界其他地方的改變。當西方企業談到穀倉，往往是指某間公司的規模成長到太過龐大……（這些穀倉）統統想維護自己，公司高層無法掌握各部門的最新動向。」

斯金格宣布他要讓索尼改頭換面。二〇〇五年秋季，他跟中鉢良治公布一項大型重整計畫，**想讓索尼變得比較精簡，不僅預計裁掉十八萬名員工裡的十分之一**[27]**，縮減二〇%的企業組織**[28]**，還要把生產地點從六十五處降低為四十四處**[29]**，目標是讓索尼不再過度擴張**（或套用《紐約時報》的說法，不再像隻「把觸手伸向許多不同產品的八爪魚」），重整為專注而有效率的公司。斯金格解釋說：「如果蘋果那類公司能靠兩到三項產品獲利頗豐……我們也能重塑索尼，東山再起[31]。」

重整計畫包括另一個關鍵變革：**不同部門不再如同獨立的公司，而是整合進單一體系**。出井伸之的穀倉面臨打破。重整計畫指出：「這項重大組織變革旨在破除穀倉，以求把大量資源集中投入於我們最具競爭力的產品……促進協調、效率與迅速決策。」斯金格也補充說明：「數位時代講究人機溝通……所以我們的產品設計與行銷手法也要隨之調整[32]。」

為了深化變革，斯金格要求**年輕軟體工程師在各部門之間輪調，促進新點子與做法的交流擴散。軟體開發小組得跟硬體技術人員共事。他要求不同部門一起開會，軟體開發團隊位居中央，藉此強調軟體與硬體結合的必要性。他甚至叫資淺員工在開會時發表意見；這顛覆了日本傳統的輩分倫理。**

過去的成功，反而讓穀倉更穩固

起初斯金格認為計畫實行得很順利。二〇〇六年年中，索尼公布改革成果：經過連年虧損之後，索尼終於轉虧為盈，產品銷售成績亮眼。索尼員工士氣鼓舞，有些分析師與記者開始稱許斯金格正成功帶領索尼浴火重生。《華爾街日報》說：「索尼的未來變得光明[33]！」《財星雜誌》（*Fortune*）說：「索尼在數位時代剛到之際大夢不醒，如今則由霍華．斯金格與國際團隊設法喚醒[34]。」《財星雜誌》稱許斯金格目前贏得的「勝利」：索尼停產愛寶機器狗（Aibo），關掉九間工廠，也收掉「感質計畫」（Qualia）的高階產品，反倒推出全新液晶電視，並成功稱霸市場。

但盛況只是曇花一現。二〇〇七年，索尼再度虧損，名聲與股價再度下跌。這某種程度也反映出大環境的不景氣。二〇〇七年夏季，次級房貸風波衝擊美國，波及銀行業，金融出現動盪，日圓逐步走強，索尼的產品競爭力大幅下降。二〇〇八年，金融海嘯席捲而來，全球經濟陷入不景氣，對索尼產品的需求量降低。二〇一〇年，大地震與海嘯襲擊日本福島，重創索尼的供應鏈。二〇一一年，泰國水患再次打擊索尼的產品供應。後來斯金格苦笑說：「我一直想說：接下來還要發生什麼事？蛙害？蝗害？風災？還是瘟疫？」

可是索尼的問題不只源自天災或壞運。數月過去，斯金格發現重重阻力。日本職員表面上遵守斯金格的要求，永遠點頭稱是，但他無法掌控他們的實際作為。在東京有樂町的辦公室裡，他並沒有自己的人馬，畢竟當他接任執行長之際，多數高階職位都由日籍資深人員擔任。他不懂日文，因此也難以自行觀察。後來他表示：「我無法像先前那樣在公司走廊上閒晃，碰到誰就找誰聊，畢竟我不會日語。大家會跟我說『好』，但不會去做。美國前總統柯林頓（Bill Clinton）說過一則類似的笑話，跟墓園有關：在墓園裡，你可以像總統般走來走去，有一千個人在你下頭，只是他們都保持死寂，沒人會搭腔。」

相較之下，葛斯納在ＩＢＭ能不斷檢視實行狀況，貫徹全面改革。葛斯納常跟同仁說：「大家不會照你期望的做，但會照你檢查的做[35]。」這句話在ＩＢＭ廣泛流傳，逐漸如同口號，差點變成陳腔濫調。然而斯金格要這麼做實在難上加難，簡直是天方夜譚。他的一位資深同仁說：「要領導好公司，必須知道不同職務高低的職員在聊什麼跟想什麼；也就是必須弄懂大家的想法。斯金格在哥倫比亞集團做得到這個，在索尼卻辦不到。我個人不認為他該接下執行長一職。」

但斯金格不屈不撓。他一次一次發出指示，後來卻發現職員完全置之不理。葛斯納在ＩＢＭ能靠貫徹個人意志改變整個企業文化，他提出新政策以後，員工必然付諸實行，而他從頭到尾嚴格監督，三不五時找職員交談。相較之下，斯金格缺乏必要手段（或個性），無法達到葛斯納的成果。

斯金格初期碰到的一大難題跟電玩主機 PlayStation 有關。到二〇〇五年為止，這個部門位於另一棟大樓獨立運作，如同自立門戶的穀倉，由強人主管久多良木健領導。這種自主模式在早期能促進創業精神，運作狀況良好，但時日流逝，他們與索尼總部逐漸衝突不斷。當斯金格成為執行長以後，他宣布要把電玩部門併入東京品川區的索尼總部，跟其餘部門加以整合。斯金格期望 PlayStation 能當其他部門的楷模，展現軟體與硬體的靈活結合，畢竟新科技已推翻傳統分界。

斯金格後來表示：「PlayStation是我們的一大王牌，以創新方式結合不同技術與功能，跟溝通合作息息相關。」可是PlayStation部門非常獨立，起初完全不理會這個搬進總部的要求。後來董事會要求搬遷，但他們終於搬進總部之後，卻立刻圍起一道玻璃圍牆，宣稱這道牆有助保護機密專利，但背後意思昭然若揭。

每當斯金格想整合部門都遭遇類似阻力。多年來，索尼恣意蔓生出許多產品與業務，推出超過一千項產品，其中多數採用獨立專利技術。斯金格在公司裡的重要盟友羅伯・維森豪（Rob Wiesenthal）對記者說：「我家有三十五個索尼的產品，還有三十五個充電器。這樣講你就懂了[36]。」斯金格一心想改變這種局面，他指出：「我到處講說：『我們公用事業方面在幹麼？醫療保險方面呢？』但一切都沒削減，或者速度很慢。我在東京總部說要裁掉一萬個職位之類的，但等我回頭去看，員工人數還是一樣多。」

最後出於孤注一擲，斯金格決定在索尼總部展示所有產品，想藉此呈現索尼帝國變得如何龐大笨重，促使員工實行改變。可是當展示櫃終於在品川總部組裝完畢，效果卻與預期背道而馳，職員認為這些產品代表的不是羞恥而是驕傲。這是標準的雞生蛋、蛋生雞問題；也就是**穀倉催生職員願死命維護的產品，而成功產品回過頭讓穀倉更加穩固**。

後來斯金格不再提裁員一事，轉為強調「合作」。他說如果無法搗毀穀倉，至少設法讓大家彼此合作，畢竟公司的口號正是「團結索尼」。然而，要合作談何容易。斯金格剛當上執行長不久，就要求技術人員開發電子書閱讀器。索尼理應適合切入這個市場，畢竟索尼握有媒體、電腦技術與消費電子產品知識，只是分散於不同部門，甚至技術人員先前即開發過測試版電子書。可是當斯金格提出電子書的點子以後，不同部門的主管顯然不想彼此合作，也不願與出版社合作，部分原因在於不願分享營收。

結果電子書計畫石沉大海。斯金格不滿地說：「早在亞馬遜公司推出電子書閱讀器的兩年以前，我就有一模一樣的點子，也叫大家投入研發，但我們只是延誤再延誤，什麼成果都沒有，最後落居亞馬遜的下風。」

「打破穀倉之牆」失敗，輸給蘋果和三星

二〇一三年二月，超過一千名媒體記者湧入曼哈頓中心劇場，參加索尼的發表會，一個個興奮不已。那個月稍早之前，索尼發布遊戲主機ＰＳ４的推出計畫，離上一次發表新機已相隔七年，而曼哈頓中心劇場這場發表會將公布進一步的消息。舞臺上一面巨大螢幕播放

著目眩神迷的遊戲畫面，探照燈灑落強光，音樂震耳欲聾，接著閃現一句句口號：「想像是對抗現實的武器！」「求勝無需戰鬥，只需遊戲！」「我們生來不同！我們活得叛逆！快探索遊戲的邊界吧！」

現場記者坐在位子上，關注觀看，畢竟 PlayStation 在遊戲玩家心目中享有超凡地位，堪稱索尼數一數二成功的明星產品，跟隨身聽一樣經典。這次的ＰＳ４格外令人驚豔，妥善結合軟體、硬體與內容。

可是當索尼高層在發表會舞臺往下看，他們也許會留意到一件驚人事情。在遊戲畫面五光十色之際，記者紛紛拿著筆電打稿，舉著手機拍照，但這些筆電或手機幾乎都不是索尼的產品。數百顆星光般的刺眼閃光燈此起彼落，一閃一爍，定睛瞧，卻會看見許多蘋果公司的圖案。即使在這種榮耀時刻，蘋果公司仍讓索尼黯然失色。

斯金格對此心知肚明。二〇〇六年，也就是他剛接任執行長的第一年，他自認有辦法改變索尼，然而到二〇一三年他早已放棄了。有些個別部門表現亮眼，例如：PlayStation 部門，但索尼在多數領域節節敗退，股價也低迷不振。二〇〇五年，斯金格接任執行長之際，索尼在美股的股價是三十八．七一美元，但到二〇一二年則只剩十八美元。相較之下，蘋果公司的股價飆漲超過一倍，三星的股價亦然。格外令人洩氣的是公司市值排行榜單。

二〇〇二年以前，索尼在富比士全球二千大企業排行榜始終贏過三星，但在二〇〇五年斯金格接任之際，索尼已遭三星迎頭趕上，只排在第一百二十三名，三星則為第六十二名。等到二〇一二年，三星為第十二名，索尼摔落至第四百七十七名。這種暴跌在富比士排行榜上相當少見[37]。當斯金格宣布卸下執行長職位的時候，沒人感到意外。

斯金格仍擔任索尼的董事長一陣子。接下執行長職位的是一輩子效命於索尼的平井一夫（Kazuo Hirai）。可是索尼繼續衰退。當股價跌到一千日圓（從一九八〇年以後不曾出現這種價位），美國行動派投資家丹尼爾．勒布（Daniel Loeb）提倡索尼應著手分家，讓娛樂事業自立門戶[38]。這個提議讓索尼員工大感驚慌，也讓一整個世代的美國消費者相當意外，畢竟他們有些是聽索尼隨身聽長大的，有些是看索尼影業的電影長大的，認為這個品牌是「酷炫」的終極代名詞。

好萊塢影星喬治．克隆尼（George Clooney）聽到這個提議時氣憤地說：「勒布只是想操弄市場而已。我無意替索尼辯護，但他們知道自己在做什麼[39]。」可是勒布跟許多產業分析師一樣，看不見任何理由該把一個個四分五裂的穀倉硬是黏在一起。現在索尼不只輸給蘋果公司，也輸給三星，再執迷不悟並無意義。

斯金格即將離開索尼時，董事會送他一個亮眼禮物：一個印有「007」字樣的金屬公事包，就像龐德電影裡的道具。斯金格相當驚喜。他一向喜歡龐德的小說，在紐約寓所裡收藏一套初版龐德小說，他也很以索尼擁有007的版權為榮。不過這個離職禮物真正讓他喜出望外的地方在於，裡面放著一個迷你裝置，一個龐德電影裡「軍需官Q」可能發明的裝置：一張董事會桌子旁立著不少小巧塑膠人像，每一位都真的是索尼高層人士，一個鍵盤在按下後會發出聲音，有些是同仁在跟他道別，有些是念著他任內講過的字詞：「強勢日圓！」「經濟危機！」「雷曼兄弟啊！」「地震！」「海嘯！」「蛙害！」「蝗害！」

此外，還有一個按鍵是說：「打破穀倉之牆！」

斯金格愛開玩笑說：「唉，我想這句話沒成真！」他把離職禮物放在初版龐德小說旁，代表這一段苦樂參半的回憶。

穀倉現象：內部不願合作、沉溺過去的成功、員工不想改變……

斯金格有時會回想他在索尼的時光，思索是否能採取不同的做法。他自認知道索尼的問題所在，也知道索尼不是特例，還有許多其他企業也深受穀倉所累。比方說，**微軟就跟索尼**

同病相憐，各部門難以合作，部分原因在於微軟以前叱吒風雲，員工不認為有改變的必要[40]。

在二〇一四年接任執行長的微軟資深主管薩蒂亞．納德拉（Satya Nadella）說：「這對我們一直是個問題。**一旦你太過依賴過往的成功，就容易不願互相合作……但外頭的競爭對手才不管你們內部有什麼問題。**」許多國營或半國營單位也受穀倉拖累。在斯金格離開索尼幾個月後，他開始替英國國家廣播公司（ＢＢＣ）擔任顧問，卻發覺類似的內鬥，不禁跟朋友打趣地說：「還真是熟悉的感覺啊！ＢＢＣ也有一堆穀倉！」

不過分析問題是一回事，解決問題是另一回事。斯金格思索是否有公司真能建立良好企業文化，減少穀倉的危害？是否能破除穀倉？或者一旦企業愈變愈大就必然受穀倉所害？穀倉一定會愈來愈根深柢固嗎？斯金格不知道答案。

然而，在他不知道的地方，在加州的臉書總部，一群員工確實想出些點子。說來有意思，當索尼落入泥淖之際，臉書技術人員對索尼展開研究，並關注全錄公司與微軟等科技巨擘的問題。此外，他們試著避免穀倉，替斯金格的疑問找出答案。在本書的第二部分，我會說明臉書員工如何（至今仍然）試著避免穀倉，套用臉書主管愛用的講法則是避免淪為「索尼第二」或「微軟第二」。不過在那之前，我想先檢視穀倉還能帶來什麼危害，首先從瑞銀集團這家來自另一個國家與產業的大型企業講起。

第3章

地精也盲目：穀倉如何蒙蔽危機意識

「倘若不知就有薪水可領，要他求知可是非常困難。」

——美國作家厄普頓．辛克萊（Upton Sinclair）[1]

二〇〇七年三月九日，一組監管人員從伯恩飛到倫敦，前往瑞銀集團這家瑞士最大銀行的倫敦分公司[2]。在外人看來，瑞銀集團相當耀眼成功，過去幾年在蘇黎世、倫敦和紐約都表現亮眼，還以營運方針謹慎著稱（這可好可壞）。瑞銀集團會採取謹慎作風大概並不令人意外，瑞士人原本就看重沉穩，甚至顯得無趣，瑞士銀行家有個綽號是「地精」①，因為他們通常默默地審慎苦幹。瑞銀集團是這種作風的典範，超過三千名職員負責風險評估[3]，留意各種問題。這些幾乎隱身幕後的地精工作得十分勤奮，監管單位有時誇讚瑞銀集團是銀行業的風險管理「典範」[4]。

因此瑞士監管人員飛往倫敦時，並不擔心瑞銀集團會有什麼大問題，只是想討論經濟前景上的一塊烏雲而已。那時美國房市正熱，多數銀行大量承做房貸，瑞銀集團也同樣投入這場遊戲，方法是購買相關債券與衍生商品[5]。然而儘管瑞銀集團獲利頗豐，瑞士監管人員想知道他們是否了解當前發展背後的所有風險。如果房價下跌是否會波及瑞銀集團？如果借款人繳不出房貸，瑞銀集團是否會面臨損失？

那天監管人員獲得的答案是：絕對不會。瑞銀集團倫敦分公司位於一棟黑色玻璃帷幕大樓，外觀宏偉，靠近利物浦街，監管人員花好幾個小時待在那裡，瑞銀集團的風險管理人員向他們解釋說，即使房價下跌也不會造成損失，原因是瑞銀集團不僅針對衍生商品的損失加以投保，還靠額外操作確保自身在房價下跌時獲利。以金融術語來說，瑞銀集團有在做空，也就是打賭房價將下跌。換言之，「房價下跌反而能從中獲利」，根本毫無風險[6]。

監管人員認為，他們完全不像在說謊隱瞞，反而顯得自信滿滿。監管人員返回瑞士後呈報說，瑞銀集團「已將美國房市變化納入考量，並未涉及重大風險」。瑞銀集團顯得安全可靠[7]。

然而，六個月以後回頭再看，這份評估報告顯然錯得離譜。同年十月三十日，瑞銀集團發表年度報告，指出營收打破歷年紀錄，但也有負面消息：由於對美國房市投資失利，瑞銀集團的獲利約減少七億二千六百萬瑞士法朗（約七億美元）[8]。瑞銀集團非但沒有因房價下跌而獲利，反倒損失慘重。

這種結果令人難堪，但惡夢還在後頭。十二月初，瑞銀集團投資銀行事業體（簡稱瑞銀投行）的總裁暨執行長馬歇爾・羅納（Marcel Rohner）突然宣布，該事業體因房貸相關操作損失一百億美元——一百億美元[9]。他也透露瑞銀投行先前暗自收購五百億美元的美國次級房貸債券，而瑞銀集團高層顯然並不知情[10]。

---

① 歐洲傳說裡的矮小妖怪，會在地底數錢。

由於損失金額過於龐大，瑞銀投行不得不要求新加坡與中東的投資人挹注資金來度過難關[11]。套用倫敦股票分析師大衛．威廉斯（David Williams）的說法，瑞銀投行「在一年前才以全球最穩健的金融機構著稱」，如今這種局面令人吃驚[12]。瑞銀投行總裁暨執行長羅納則以「地精」慣用的平淡口吻向投資人表示：「我明白如果你們對敝公司的走勢轉變感到驚訝與不滿……代表敝公司確實犯下重大錯誤[13]。」

這份錯誤（與驚訝）如野火燎原。隔年二月，瑞銀投行再次發布房市相關損失，總金額幾乎達到一百九十億美元[14]。瑞銀集團再次請求投資人挹注一百五十億瑞士法朗（約一百五十億美元）[15]，但仍填補不了財務缺口：二〇〇九年十月，由於損失過於巨大，瑞士政府不得不從國庫裡掏出六十億瑞士法朗（約六十億美元）加以相助[16]。瑞士民眾與政府官員大為震驚——而且火冒三丈。瑞士聯邦銀行監理委員會，這個瑞士最大的監管機關要求瑞銀集團呈交檢討報告，「指名道姓」具體列出應負責人員的名單，畢竟「一百九十億美元」的損失實在非同小可。多數金融評論認為，瑞銀投行裡一定有誰涉及不法情事與欺瞞行徑，準備鋃鐺入獄。

瑞銀投行準時交出一份清楚的檢討報告，畢竟瑞士這個國家十分強調責任心，舉凡銀行家、民眾與政府官員都是如此。然而，這份報告不符監管單位的預期，並未具體指出導致損失的特定個人，例如：某（幾）位差勁的債券交易員，反而說明問題出在整個系統，是一整群原本無趣保守的職員不知為何得了失心瘋，在房貸市場大膽下注，三千名左右的內部風險管理人員卻渾然不知[17]。

這是在敷衍塞責嗎？還是在公然扯謊呢？多數政府官員與傳播媒體認為如此，尤其幾個月後又爆發美國政府指控瑞銀投行協助美國富豪逃稅的醜聞，他們更加認為瑞銀集團在說謊卸責[18]。瑞士政府要求瑞銀集團繳交第二份檢討報告，明確點出背後過失。瑞銀集團再次交出一份嚴謹的報告，但內容同樣令人困惑。這一次，瑞銀集團找上外頭的專家，期盼調查報告能更具可信度，但結果仍不符政府的預期。

蘇黎世大學經濟史教授托拜厄斯・施特勞曼（Tobias Straumann）的調查報告寫道：「由於損失金額高達百億，而且涉及不法情事（替美國富豪逃稅），民眾不禁質疑這次瑞銀集團危機背後的真正肇因。瑞銀集團是大型跨國銀行集團，素以保守穩健聞名，很難想像會突然間蒙受巨大損失[19]。」施特勞曼繼續指出，多數金融評論認為，「瑞銀集團高層就像賭場裡的賭徒，看到獲利與紅利愈來愈高，就愈來愈敢冒險，最後卻突然輸到精光，差點吃上牢飯[20]。」

可是施特勞曼不認為背後另有陰謀，而是瑞銀集團高層並未蓄意豪賭，並非存心欺瞞眾人，反而自認公司非常安全健康，持有「一等一的次級房貸債券」。稽核與監管人員也是這麼認為。施特勞曼指出：「瑞銀集團的保守形象不是為了欺瞞大眾，反而完全符合瑞銀集團的自我期許[21]。」

換個角度來講，**可怕的是謹慎怯懦的瑞銀集團人員並未欺騙大眾，而是集體自我欺騙**。施特勞曼說：「這（故事）不只涉及單一一家大型銀行出的意外……（而是）完全吻合一個在過去反反覆覆重演的模式。事實上，在金融危機受害最深的，不是刻意承受巨大風險的那些人，而是自認一切掌控良好的那些人[22]。」

為什麼？施特勞曼認為，**罪魁禍首主要是瑞銀集團的高層，他們太過自以為是，並未妥善掌握內部狀況**。還有另外一個問題：穀倉。施特勞曼與瑞銀集團的檢討報告都指出，瑞銀集團跟索尼一樣，深陷於結構性穀倉。**各部門針鋒相對，沒有攜手合作，反倒獨善其身，把關鍵資料握在自己手中，不肯對外交流，高層也就無從掌握底層的狀況**。**雪上加霜的是，高層的心態也受穀倉所限，像是活在泡泡裡，沒有向下屬妥善點破問題**。

可是從某個角度來看，瑞銀集團的故事比索尼更令人擔憂。**索尼是因為穀倉而看不見創新與機會，瑞銀集團則是因為穀倉而看不見風險與危機**。就此而論，這故事形同一記警鐘，背後問題不只常見於金融圈，而且也常見於金融圈以外的世界。

為挑戰華爾街巨擘，投入不熟悉的證券化市場

瑞銀集團的事件讓瑞士政府格外沉痛，因為瑞銀集團是瑞士的一大象徵，如同金融圈裡的咕咕鐘、巧克力或名貴手錶。瑞銀集團總部位於蘇黎世的心臟地帶，也就是老城區的班霍夫大街，離蘇黎世湖不過幾步之遙，放眼盡是蓊鬱青山。跟華爾街多數銀行不同，瑞銀集團總部不是華麗耀眼的摩天大樓，只是一棟由暗灰花崗岩砌成的樓房，跟停著汽車的街道融為一體，跟附近的名錶與名牌商家相比，簡直樸實無華，連大理石大廳也簡單樸素，只有建築外頭那塊集團名稱的招牌尚稱亮眼，採取跟瑞士國旗相同的大紅色。

今日的瑞銀集團誕生於一九九八年，由分居瑞士第二與第三大的瑞士銀行公司與瑞士聯合銀行合併而成[23]（當年瑞銀集團金融投資部門的資產為五千九百億美元，至於資產管理部門的資產約為九千一百億美元，其中多數屬於私人銀行所有，整體規模在全球數一數二[24]）。瑞銀集團與瑞士的歷史密不可分。瑞士銀行公司與瑞士聯合銀行原本就聯手併購許多瑞士企業，外加不少知名英美企業，例如：菲利普道爾公司（Phillips & Drew，大通曼哈頓銀行的資產管理分公司）[25]、迪隆瑞德公司（Dillon Read，另一家美國金融公司）[26]，還有華寶銀行（SG Warburg，一家英國商業銀行）。

起初瑞士聯合銀行作風保守穩健，偏重國內業務。一九九〇年代，瑞士銀行公司與瑞士聯合銀行開始發展海外業務，但瑞士聯合銀行因投資美國對沖基金「長期資本管理公司」（Long-Term Capital Management）損失慘重，部分高層不願再大膽投資海外市場。而促成這兩家銀行合併的馬歇爾．歐斯培（Marcel Ospel）與馬提斯．卡比亞拉維塔（Mathis Cabiallavetta）則抱持不同想法，他們看見全球市場日趨緊密相繫，其他歐美銀行正在抓住新機會，瑞銀集團也該順應大勢[27]。

二十一世紀初期，他們提出擴張計畫，不只在蘇黎世發展業務，也跨足倫敦與紐約，所用的方法相當古老，那就是招募新人員[28]。二〇〇一到二〇〇四年，他們約花七億美元招募華爾街許多鼎鼎大名的人物，包括帝傑證券公司（Donaldson, Lufkin & Jenrette Securities Corporation）的肯尼斯．莫里斯（Kenneth Moelis）、奧利佛．薩科齊（Olivier Sarkozy）[29]、班．羅瑞洛（Ben Lorello）[30]、布萊爾．艾弗隆（Blair Effron）[31]與傑夫．麥德蒙特（Jeff McDermott）[32]。不過最引人矚目的當屬債券經理人約翰．柯斯塔斯（John Costas），他在二〇〇一年獲選為瑞銀投行的負責人[33]。

柯斯塔斯上任以後，瑞銀集團高層開始設法擴展銀行業務。跟多數銀行相比，瑞銀集團算是持有極多現金，因為其私人銀行的規模在全球名列前茅，每年從巨富客戶手裡收到大筆金錢。歐斯培與柯斯塔斯認為，如果能把這些大量銀彈投入高收益生意，瑞銀集團將能與華爾街最叱吒風雲的公司一較長短，也就是跟高盛、摩根士丹利或瑞士信貸集團（Credit Suisse）等並駕齊驅。二〇〇五年，柯斯塔斯預測瑞銀集團即將躋身美國市場的前五大銀行。歐斯培更有雄心壯志，他宣稱瑞銀集團會躋身全球前三大投資銀行[34]。

歐斯培等高層人員開始尋找新的發展方向，並跟安永會計師事務所（Ernst & Young）與奧緯顧問公司（Oliver Mercer Wyman）等展開諮詢，獲得清楚明確的建議：如果瑞銀集團想迅速成長並挑戰華爾街巨擘，就必須跳進「證券化」這塊金融領域，尤其是「不動產貸款證券化」這個格外專門的領域[35]。不動產貸款證券化，是指把不動產貸款轉為債券，在銀行和其他投資者之間交易。這些所謂的證券化債券往往會再包裝為其他證券，成為衍生性金融商品，變得更形複雜。

當時瑞銀集團對證券化市場不熟，主力仍放在一般大眾所知的傳統金融領域，例如：放款、儲蓄業務，還有股票與貨幣買賣。不過，儘管瑞銀集團不太了解證券化市場，至少知道華爾街大型銀行藉此獲利甚豐，歐斯培與柯斯塔斯決心進入這塊市場，相信大筆收益將唾手可得。

就算資產分類與風險分析系統有矛盾，也沒人敢質疑

二〇〇五年秋季，瑞士監管人員從伯恩飛往紐約，對瑞銀集團的北美業務實施年度稽查。這本該只是例行公事而已。前一年，瑞銀集團在瑞士的主要競爭對手瑞士信貸集團表現亮眼，在美國大有斬獲，原因是瑞士信貸集團先前收購了第一波士頓銀行（First Boston），而相較之下，瑞銀集團在美國的作風顯得保守穩健，甚至乏味無趣。然而當瑞士監管人員展開稽查作業，卻有出乎意料的發現，原來瑞銀集團幾個月前在紐約特別成立一個新部門，負責開發「抵押債務債券」（collateralized debt obligation，簡稱ＣＤＯ，或譯為擔保債權憑證）。

抵押債務債券在證券化市場屬於格外專門的領域，先要組合不同貸款與證券，再轉換為複雜的金融商品，整個過程可以用香腸製作來比喻。肉販有時不是簡單切出肉塊來賣，而是把許多部位剁碎，依個人口味加以混合，以香腸形式出售。抵押債務債券跟香腸製作有異曲同工之妙，銀行首先蒐集顧客（企業或民眾）的貸款，依借貸風險高低分類，加以重新組合，然後以抵押債務債券形式賣給其他顧客。跟香腸一樣，抵押債務債券能迎合不同顧客的喜好，組合出不同的風險度與報酬率。

如果有人在二〇〇五年看到瑞銀集團的抵押債務債券部門，大概會認為這只是個無關緊要的小部門。當時瑞銀集團在全球有八萬二千名員工，在美國也有從事股票與貨幣交易的龐大分公司，交易員人數眾多，並正在康乃狄克州斯坦福市興建一棟規模名列全球前茅的交易大樓。相較之下，抵押債務債券部門只有幾十名員工。部門負責人為資深交易員吉姆・史提里（Jim Stehli），辦公室位於曼哈頓中央，鄰近無線電城音樂廳[36]。瑞銀集團全球各地的多數員工甚至根本不知道有抵押債務債券部門[37]。

瑞士監管人員檢視瑞銀集團的美國業務時，卻發覺抵押債務債券部門雖然小巧，經手的投資金額卻龐大。根據官方帳目，瑞銀集團才短短九個月就有總計一百六十六億美元的不動產債券，其中大多為抵押債務債券。後來瑞士監管人員解釋說：「瑞銀集團拿出一份內部報告，上頭列出瑞銀投行對美國不動產市場的所有投資，資料相當完整全面，包括直接投資（一百六十六億美元）與間接投資（七十一億美元，例如：對建設公司的投資）[38]。」

瑞士監管人員試著找出抵押債務債券部門能大舉投資的原因。這些投資真的安全嗎？瑞銀集團有妥善掌管抵押債務債券部門嗎？紐約的風險管理人員堅稱答案是肯定的，並舉出兩個原因佐證。首先，抵押債務債券部門只處理非常安全的資產，只持有信評機構評為「AAA級」的債券；第二，瑞銀集團只短暫持有抵押債務債券，並未真正承受多少風險。

這些原因根植於銀行人員對抵押債務債券業務的想像，至少他們是這麼說服外界與自己。一九七〇年代以前，瑞銀集團等銀行的業務多半是承做貸款或購買資產，然後長期放著不動。以金融術語而言，這些資產都留在銀行的帳面上。可是一九七〇年代以後，證券化業務抬頭，銀行往往把許多貸款賣給其他投資人，藉此降低曝險程度。抵押債務債券則讓這種做法更上層樓。

就理論而言，瑞銀集團等銀行只是「取得」（金融術語則稱為「創始」〔originate〕）貸款，重新包裝，再賣給外部投資人，如果瑞銀集團透過紐約那個部門持有貸款或抵押債務債券，持有時間只應介於一到四個月。瑞銀集團（正如多數銀行）確實是把抵押債務債券部門稱為「倉庫」，藉此跟其他依投資考量購買資產的部門有所區隔。瑞銀投行總裁羅伯特・沃夫（Robert Wolf）總愛說：「我們是著重往外賣出，不是往內儲藏[39]。」瑞士監管人員在二〇〇五年下旬的稽查報告裡則說：「這家銀行總是展現出……一貫遵照『創始後轉出』做法的形象……根據這個做法，證券化投資只會短暫持有，接著立刻轉給他人。」

整體看來，瑞士監管人員沒理由擔憂這個抵押債務債券倉庫，至少瑞銀集團向他們如此保證。瑞銀集團帳目裡總計一百六十六億美元的房貸資產大多屬於ＡＡＡ級評等，幾乎沒有違約風險。這些房貸資產能獲得極高評等的部分原因，在於彼此間符合金融術語裡的「無相關」(uncorrelated)，如果一或兩戶拒繳房貸，不會擴散為大型違約風暴，至少理論上不會。此外，這些資產甚至大多顯得比一般的AAA級證券更安全，因為它們屬於「最高等級」(super senior)債券。根據抵押債務債券的設計，即使市場上真出現大量違約的罕見狀況，導致債券價格下跌，蒙受損失的會是其他投資人，不會是最高等級債券的持有人。

如果人類學家檢視這些帳目，他們也許會發覺不太對勁。首先，抵押債務債券底下的貸款根本沒有多安全，多數是承做風險度高的次級貸款人。銀行包裝抵押債務債券時，會利用複雜金融技術，在表面上把違約風險轉嫁給其他投資人，因此抵押債務債券可以獲信評機構評為AAA級，多數屬於最高等級債券，本應比一般的AAA級資產更安全。然而除了信評機構與抵押債務債券部門以外，多數人無從知道銀行是如何化腐朽為神奇，也不知道AAA級抵押債務債券是否確實安全。

另外，還有第二個古怪之處。每當瑞銀投行總裁沃夫等人提起抵押債務債券，他們都強調這是「賣出式」業務，重點是賣給其他投資人。可是事實上，他們缺乏出售所有抵押債務債券的誘因。當他們開發抵押債務債券商品時，通常會包裝成許多「部分」(tranche，源自法文)，高報酬部分很吸引外部投資人，但低風險部分或最高等級部分的投報率低，不受外部投資人青睞，結果最高等級部分往往並未售出，留在銀行的帳目裡，就像肉鋪裡沒人要的骨頭。起先他們為此煩惱，後來卻發現一個關鍵，那就是抵押債務債券由他們自己持有時仍能帶來少量收益，在帳目上可以列為「獲利」，雖然報酬率很低，每年僅約〇・一％，但數十億美元的〇・一％仍是可觀金流。

瑞銀集團跟多數銀行同樣採取「有功才有賞」政策，各團隊依獲利多寡獲得分紅，因此抵押債務債券部門有強烈誘因去持有抵押債務債券。由於購買貸款所費不貲，其他銀行想採用這個做法也有限，但對瑞銀集團則不成問題，畢竟旗下的私人銀行事業能提供大量現金，便宜到近乎免費。結果到二〇〇六年年初為止，瑞銀集團的抵押債務債券部門不僅持有自己包裝的最高等級抵押債務債券，還向其他銀行額外購買這類債券[40]。談到抵押債務債券，他們根本言行不一。

有些人員偶爾會拿這個矛盾開玩笑。抵押債務債券該是客戶導向業務，並不要求高報酬率。**抵押債務債券部門人員知道自己是從公司的特殊體制得利，樂得賺進可觀收益，卻沒有動機告知瑞銀高層或監管人員，而由於「狹隘視野」等原因使然，瑞銀高層與監管人員並未立即察覺制度有異。**如同布赫迪厄在阿爾及利亞研究的卡拜爾村落，二十一世紀的投資銀行也遵循一套根深柢固的分類系統，認為ＡＡＡ級資產跟ＢＢＢ級資產不同，客戶服務也與自營業務相異，客戶服務不應該涉及高風險，自營業務則如同拿自己的資金賭博，風險程度甚高。

然而，這些分類其實往往界線不清，客戶服務可能頗具風險，AAA級資產可能不太安全，只是一旦列入特定分類以後，往往很少重新分類。此外，會計人員與風險管理人員是靠這一套分類系統來衡量與管理資產，整個系統也就愈形穩固。監管人員也是如此，當瑞士金融監管機關基於損失風險考量，要替銀行訂立緊急準備金比例，第一步也是先把銀行的資產區分為不同類別。

各銀行或多或少知道這套分類系統不是很好，包含許多矛盾，但借用布赫迪厄之語，這套系統在西方金融圈漸漸如同卡拜爾人的風俗那樣，存在於「意識與無意識的邊界」，至於研究一九九〇年代華爾街各銀行的人類學教授何凱倫則認為，銀行人員是受心中習性影響，採取自認理所當然的特定行為模式[41]。依照華爾街的習性，「客戶」與「自身資產」當然有別，應以不同方式處理。此外，個別團隊也理應不計手段的追求最大獲利，畢竟他們的薪水取決於此，沒人有動機去質疑現有做法或分類系統的矛盾之處。穀倉心態主宰一切，畢竟誠如布赫迪厄所言：「最具威力的意識形態根本不必明言，便由大家默默接受。」

監管人員查核完瑞銀集團的帳目以後表示：「本項證券化業務顯然純屬客戶服務範疇，並不涉及嚴重風險[42]。就瑞銀集團或監管機關而言，此（一百六十六億美元）資金並無重大風險顧慮。」

過度分工、鮮少交流，與風險管理的概念背道而馳

到了二〇〇七年春季，也就是瑞銀集團成立抵押債務債券部門的兩年後，蘇黎世總部的高層主管開始憂心忡忡，但倒不是在擔憂紐約的抵押債務債券部門。恰巧相反，他們待在班霍夫大街那棟優雅花崗岩大樓裡，大多對紐約的抵押債務債券部門一無所知，只是明白當金融系統一頭熱的迅速擴張，各銀行往往會幹下蠢事，而在二〇〇七年春季這個時候，全球金融市場正熱得發燙，熱錢四處流竄，借錢無比容易，金融業者競相涉入高風險投資，大肆核發次級房貸給信用紀錄不良的美國借款人，積極投入槓桿購併與創業投資等高風險業務。

瑞銀集團高層為此相當緊張不安，尤其他們向來以審慎穩健自詡。他們清楚記得一九九八年瑞士聯合銀行投資美國對沖基金「長期資本管理公司」失利，一心避免重蹈覆轍，於是多次開會討論當前的風險，力求及時懸崖勒馬。

他們發現兩大問題。第一個問題是瑞銀集團會放款給風險程度偏高的企業。十年前，網

路泡沫化導致許多科技公司無法償還貸款，使得瑞士信貸集團等競爭對手損失慘重[43]。當年瑞銀集團損失不算大，但瑞士信貸集團總部也在班霍夫大街的一棟樸素灰色建築，跟瑞銀集團才幾步之遙，瑞銀集團一心以瑞士信貸集團為鑑，可不願因為相同原因中箭落馬。二〇〇七年年初，瑞銀集團請安永會計師事務所稽查所有企業貸款的曝險程度[44]。

稽查結果令人鬆一口氣。根據安永會計師事務所的稽查報告，瑞銀集團的風險控管十分穩健可靠，在二〇〇六年避開大多數高風險的槓桿併購與貸款對象，即使投入高風險業務，也以高額收費盡量抵消風險[45]。瑞銀集團信用風險部門（亦即控管企業貸款風險的部門）主管菲爾．洛夫特（Phil Lofts）回憶說：「我們對槓桿操作採取保守態度，（只）在一、兩個案子失利，例如：利安德巴塞爾公司（LyondellBasell）這起案子（一件化學公司併購案）。」

第二個問題是瑞銀集團旗下的對沖基金「迪隆瑞德資本管理公司」（Dillon Read Capital Management）。歐斯培與柯斯塔斯在擴張事業版圖初期，從華爾街挖來不少人才，但這些人漸漸受夠瑞銀集團的保守作風，揚言跳槽出走，所以柯斯塔斯向高層遊說，在二〇〇五年成立這個對沖基金，自己也辭去瑞銀投行負責人一職，轉為領導這個新公司[46]。迪隆瑞德資本管理公司能自由進行高風險操作，並與其他部門分隔，原意是這樣既能吸引外部投資人，又不會違反公司規定，但此外還有另一個好處，即瑞銀集團許多人員不願公司拿大筆自身資金冒險投資，樂得跟迪隆瑞德資本管理公司離得遠遠的，才能繼續以保守穩健自詡。

二〇〇六年期間，迪隆瑞德資本管理公司逐步擴張規模，投資表現出色[47]。然而到了二〇〇七年年初，由於誤判美國房市走向等原因，迪隆瑞德資本管理公司面臨虧損[48]。到了同年春季，估計損失金額接近三億美元。瑞銀集團高層大驚失色，認為這應證了他們對於拿公司資產冒險投資的所有擔憂。

瑞銀集團稽查迪隆瑞德資本管理公司的投資狀況，強迫他們賣出部分資產，但當他們勉強賣出一億美元的特殊不動產債券，由於這些債券屬於不易變現的類別，一天內即虧損五千萬美元[49]。柯斯塔斯與瑞銀集團高層在蘇黎世總部陷入角力。高層了解迪隆瑞德資本管理公司才剛設立不久，太快裁撤會很丟臉，況且柯斯塔斯又是金融圈裡響叮噹的大人物，但另一方面，高層也不想蒙受虧損。二〇〇七年五月，經過幾個月的交鋒，瑞銀集團宣布裁撤迪隆瑞德資本管理公司[50]。這太過丟臉，瑞銀集團董事長彼得．沃夫李（Peter Wuffli）不得不在六月引咎辭職，但瑞銀集團至少向外界（與自己）傳達出一個重要訊息：瑞銀集團是一家規避風險的穩健企業。

儘管瑞銀集團的董事會對迪隆瑞德資本管理公司憂心忡忡，對放款狀況多加稽查，卻並未留意另一個問題：抵押債務債券部門持有的抵押債務債券。二〇〇七年春季，各界普遍明白美國房市的長期多頭已走到盡頭，房價上漲速度不若以往，有些州甚至開始跌價，次級房貸違約比例升高，有些銀行選擇中止不動產債券業務。在蘇黎世的班霍夫大街這一邊，瑞士信貸集團減少對美國房市的曝險部位，旗下投銀的執行長布蘭迪・道根（Brady Dougan）長年投入債券交易[51]，經歷過華爾街景氣的起起伏伏，他能感覺到金融市場風向已變。

然而，瑞銀集團高層不認為有必要採取行動。部分原因在於瑞銀投行的高層對債券市場較經驗不足，接替柯斯塔斯掌管瑞銀投行的休・詹金斯（Huw Jenkins）是出身股票部門[52]。瑞銀集團高層不如瑞士信貸集團般緊張的另一個原因，在於他們根本不認為瑞銀集團有接觸美國房市的相關金融產品。

時間拉回二〇〇五年，當瑞銀集團首次投入抵押債務債券業務，內部風險管理人員稍微討論過該把這些債券列入哪個分類。是該列為中等風險程度的「不動產貸款」？還是列為超級安全的AAA級資產？這是個難題，畢竟先前沒人把風險程度較高的次級房貸轉換為AAA級債券，他們如同誤入蠻荒叢林的植物學家，碰到不符合現有分類的新奇植物。他們最終決定把抵押債務債券歸類為AAA級資產，這意謂著當瑞銀集團持有這些債券的時候，不必基於損失風險考量而預留大筆的緊急準備金。然而，這也意謂著他們日後往往忽略這些債券。在風險管理人員與稽核人員向董事會提交的內部報告裡，抵押債務債券並未另外分類，而是跟國債等一併列為AAA級資產。由於這個分類系統，紐約的抵押債務債券部門等同隱形。

瑞銀集團並未完全忽略房貸風險。監管人員有時會造訪紐約與倫敦的不同團隊，詢問對美國房市的曝險狀況，至於瑞銀集團總部的高層主管也會如此。然而倫敦的團隊並不清楚紐約的情形，反之亦然，雙方都只掌握自身狀況。比方說，倫敦有一組團隊會買賣不動產債券，在二〇〇六年到二〇〇七年，大舉做空美國房市，向瑞士監管人員表示他們對美國房市「看空」。但紐約的團隊有開發抵押債務債券商品，則是對美國房市「看多」。

此外，紐約這邊還有把籌碼壓在「單一險種保險公司」（monoline insurers），加深對不動產債券的曝險程度[53]。兩相比較，紐約的做多金額遠高於倫敦的做空金額，但沒人這樣比對，瑞銀集團董事會完全被蒙在鼓裡。後來瑞銀集團在一封股東信上坦承：「（本行）做過許多內部風險管理報告，稽核不動產證券與債券等的曝險程度，卻缺乏宏觀檢視……原因出在資料不全[54]。」這種說法從微觀角度是正確的，從巨觀角度則否。

瑞銀集團的許多內部人員原本有機會看見問題——如果他們選擇去看的話。比方說，既然倫敦有團隊投入美國不動產債券交易，他們可以跟紐約的抵押債務債券部門詢問動向，抵押債務債券部門可以讓倫敦這邊一窺他們攀升的資產金額，但**雙方其實缺乏分享資訊的誘**

因，紐約這邊不希望倫敦有人干預他們的獲利方式，倫敦這邊也無意公然過問紐約的閒事，反正多問也不會增加薪水。正如美國作家厄普頓．辛克萊所言：「倘若不知就有薪水可領，要他求知可是非常困難[55]！」照理說，各部門應齊心協力；實際上，各部門卻彼此競爭。

瑞銀集團的風險管理人員也受過度分工所累。三千名風險管理人員理應全面監控整間公司，卻拆成三個不同團隊，分別追蹤不同風險（信用風險、市場風險與營運風險[56]），彼此很少溝通交流，很少交換資訊，跟風險管理的概念根本背道而馳，畢竟一大重點該是掌握整個企業的風險。然而很少人發覺不對勁，大家都把既有的分類系統視為理所當然，沒有動機去提出質疑。

二〇〇七年春季，瑞士監管人員前往倫敦展開例行查核，要求瑞銀集團的風險管理人員說明瑞銀集團對美國房市的曝險狀況。風險管理人員說明倫敦這邊正在做空美國房市，也提及迪隆瑞德資本管理公司的部分投資內容，卻對紐約那邊的投資隻字未提。監管人員後來表示：「最高等級的抵押債務債券……並未列入風險管理報告……瑞銀投行的風控長（chief risk officer，簡稱CRO）根本不知道有（抵押債務債券部門）[57]。」

風控長似乎真心相信瑞銀集團並未暴露於美國房市的風險，監管人員也不認為有理由懷疑，於是向瑞銀集團高層回報，高層收到好消息後鬆了一口氣[58]。監管人員表示：「如果

（那些抵押債務債券）包括進來，內部人員不會認為曝險程度甚低……但源於資料不全的錯誤評估也傳回（蘇黎世的瑞銀集團）總部，瑞銀集團高層從此相信這部分安全無虞，便把注意力轉移至其他明顯更大的風險。」

日子過去，總部人員始終擔憂企業放款的風險，卻絕少想到不動產貸款。後來瑞銀集團在給股東的信上坦言：「本集團高層十分留意美國房市的惡化狀況，（但）並未要求全面檢視瑞銀集團對美國房市相關證券的曝險部位。相較之下，集團高層反倒更關切槓桿操作等問題[59]。」這就像是核電廠人員始終對核分裂過程涉及的複雜風險擔憂不已，卻對核電廠水泥牆上的致命裂縫視而不見。

分類系統顛倒錯亂，讓瑞銀深陷次貸危機

二〇〇七年八月六日，瑞銀集團開始出現裂縫[60]。那時全球金融市場已榮景不再。二〇〇二到二〇〇七年，證券化業務蓬勃興盛，各銀行紛紛把房貸與公司債重新包裝為金融商品，賣給其他投資人，但從二〇〇七年夏季起，嚴重問題逐漸浮現，原因是美國房市開始惡

化，房貸違約開始出現，市場上瀰漫恐懼。回到肉販的比喻，金融市場如同面臨食物汙染的疑慮，即投資人發現先前市場上的金融香腸可能混有不良房貸（或曰腐肉），開始擔心抵押債務債券等複雜產品是否安全。重組過的債券錯綜複雜，沒人知道損失可能出現何處。疑慮升高，投資人覺得安全為上，不再購買任何不動產相關金融商品，於是價格應聲暴跌，市場面臨急凍。

起初，瑞銀集團的董事自認不會受這股恐慌所波及，畢竟值得擔憂的是企業貸款，不是房屋貸款。事後負責替瑞銀集團撰寫檢討報告的經濟史教授施特勞曼說：「董事會與管理高層始終相信瑞銀集團對次級房貸市場的投資相當安全，直到二〇〇七年七月，才發覺事態不妙。根據原先所有的風險報告與內外部稽核報告，瑞銀集團應能輕鬆度過（美國）這波不動產價格跌勢[61]。」

可是當董事會成員八月初在蘇黎世參加定期會議的時候，他們得知一個驚人消息，那就是儘管倫敦的團隊對美國房市做空，紐約的抵押債務債券部門卻持有大量最高等級抵押債務債券，總金額超過二百億美元[62]。董事們一個個大感意外，其中一位坦承：「我們幾乎都不知道『最高等級』是什麼意思——先前從來沒聽過這個名詞[63]。」監管人員則在調查報告裡說：「許多高階主管表示，他們是在二〇〇七年八月危機爆發後，才知道最高等級抵押債務債券一事[64]。」

一開始董事們並不擔心，原因是「最高等級」一詞代表這些債券非常安全。這是客戶導向業務，不是拿自身資產冒險投資，跟先前對沖基金惹出的麻煩不同。瑞銀集團信用風險部門主管洛夫特說：「大家大概更擔心槓桿貸款。」因此這場定期會議結束之後，董事會只向股東輕描淡寫地說，瑞銀集團可能會因為房市不振而稍微虧損。此外，他們也請高層進一步調查。

然而，調查結果令人擔憂，大量房貸出現違約，投資人嚇得拋售相關債券，最高等級抵押債務債券的價格因此下跌三〇％以上。這本身就夠驚人，況且瑞銀集團高層對此毫無心理準備。問題再次出在分類系統，還出在瑞銀集團高層並未對系統適時質疑。

時間拉回二〇〇五年，當瑞銀集團開始大量購買最高等級抵押債務債券之際，他們是把這些債券分類為「可銷售」債券（亦即可在市場交易的商品），而不是分類為「信用」或「帳冊」資產（亦即貸款）。背後的分類依據複雜難懂，但能造成一個實際差別：當這些債券是分類為可銷售商品，銀行不必為此在帳上列進大筆緊急準備金。因此瑞銀集團從未替抵押債務債券的可能損失編列大筆緊急準備金。根據瑞銀集團採用的風險評估模型，這些抵押債務債券不可能跌價超過二％，緊急準備金也就頂多只夠應付這個損失比例，但如今抵押債務債券暴跌三〇%，等同一大塊財務缺口。

損失金額攀高，瑞銀集團的風控長突然被炒魷魚，由資產管理部門的約瑟夫・史寇比（Joseph Scoby）繼任[65]。史寇比立刻更動整個分類系統，抵押債務債券首次不是跟國債與AAA級資產一起歸進「安全」類別，而是自成一個類別。接下來，風險管理人員首次全面檢視對美國房市的曝險部位，結果令他們大吃一驚。其中一位風險管理人員表示：「我們開會時會喊：『靠！這是什麼鬼？』大家都覺得難以置信。」他們幾乎一夜之間發覺原本的認知根本大錯特錯，因為「危險」的對沖基金其實沒那麼危險，「安全」的客戶業務其實沒那麼安全。整個分類系統簡直頭下腳上，顛倒錯亂。另一位資深主管說：「我突然了解到說，我們一直擔憂（對沖基金）虧損的三億美元，卻忽略了抵押債務債券高達十倍的虧損金額！」

瑞銀集團董事會手忙腳亂的想亡羊補牢，但抵押債務債券的價格持續下跌，損失持續增加。瑞銀集團起初公布一百億美元的虧損，接著增加至一百八十七億美元[66]。到了二〇〇九年春季，虧損金額超過三百億美元[67]。虧損日趨擴大，政府、監管人員與瑞士民眾愈來愈怒火中燒。瑞銀集團高層有時試著指出其他銀行同樣面臨困境，例如：花旗集團與美林證券都公布類似的虧損狀況[68]，保險業巨擘「美國國際集團」（AIG）與愛爾蘭聯合銀行等，也同病相憐。

地雷接連爆發，醜聞反覆上演：**幾乎無論你走到哪裡，都能發現銀行、保險公司與資產管理公司並未發現不同部門裡攀高的風險，原因是大型企業裡的不同穀倉彼此缺乏溝通，高層無法清楚綜觀全局**。經濟史教授施特勞曼的檢討報告指出：「所有這些高層疏失其實是大型銀行的通病。」報告裡也說，跟瑞銀集團相比，「花旗集團公布的虧損甚至更為嚴重[69]。」然而儘管出事的銀行愈來愈多，瑞銀集團也不會好過，名聲大幅受損。二〇〇九年中旬，歐斯培宣布辭職，外界並不感到意外。瑞銀集團的許多高階主管也相繼捲鋪蓋走人[70]。

穀倉問題就像九頭蛇，砍掉又再長

在這場危機之後的幾個月，瑞銀集團新一批的高層設法減少虧損。應瑞士政府的命令，瑞銀集團把不良房貸資產移進特殊帳目，藉此提升透明度，有利去除不良資產。風險管理部門（或照內部講法是「風險控制部門」）面臨全面檢討，各團隊整合為力求無縫合作的統一單位。瑞銀集團高階主管洛夫特說：「我們徹底改掉回報機制，風險控制人員不再向各部門高層報告。我們首次整合市場風險與信用風險的管控工作，與其他部門結合，他們不再坐在穀倉裡，而是同心協力，而且不再高高在上。」

內部資訊系統也全面更動，高層能更輕易的檢視所有交易部位。瑞銀集團指出：「舉凡交易部位、估價高低、風險程度與損益狀況等紀錄，如今都是從全集團角度加以管理。各部門必須有辦法依照統一標準……說明其盈虧狀況[71]。」瑞銀集團還找來獨立董事，避免團體迷思（groupthink）。危機爆發過後，洛夫特接任全集團的風控長一職[72]，他表示：「現在我們有風險管理委員會，所有成員都不是內部人員，也不曾在我們集團待過。」

各部門設法加深橫向交流，依整體考量來思考與行動。瑞銀集團投資長艾力克斯．弗德曼（Alex Friedman）開始主持討論會，讓不同部門的職員一起腦力激盪，靈活自由的集思廣益。瑞士的零售銀行與私人銀行傳統上會互相競爭，如今卻展開合作，交換顧客與點子。合作成為廣受鼓勵之舉。瑞銀集團的瑞士財富管理部門負責人克里斯．魏森丹格（Christian Wiesendanger）[73]說：「我們現在變得更加整合，設法讓不同部門發揮加乘效果，講求溝通交流。」紐約分公司則要求不同類別的團隊彼此合作，從整體角度看待各項業務。瑞銀集團的新方針是追求彈性與整合，揚棄隔閡與界限。

瑞銀集團高層堅稱這些改革正逐步改變他們的企業文化。這說法部分正確，部分則否。

二〇一一年九月，也就是瑞銀集團反覆宣稱從此會做好風險控管的隔年，瑞銀集團公布高達二十億美元的虧損，原因是倫敦分公司合成股票交易團隊的資深人員克威古・阿多波里（Kweku Adoboli）擅自從事未授權交易，標的為交易所買賣基金（exchange traded fund，簡稱ETF，或譯為指數股票型基金）[74]。交易所買賣基金跟抵押債務債券類似，理應屬於流動性低的安全商品。然而交易所買賣基金跟抵押債務債券還有另一個相似之處，那就是可能暗藏風險。由於交易所買賣基金部門形同一個小小穀倉，外頭沒人明白大事不妙，等到發現就為時已晚。

瑞銀集團設法把這起事件解釋為一個偶然錯誤，並對風險管理系統展開更多改革。部分資深主管引咎辭職，其餘主管矢言讓公司更為透明與完善，但股東已不太耐煩，也不太買帳。辛格弗里蘭德銀行（Singer & Friedlander）是一間英國與冰島合資的小型銀行，金融海嘯期間，因冰島母公司倒閉而破產，其前負責人東尼・薛洛（Tony Shearer）表示：「這場金融危機反映出一件事：不管是倒閉的銀行，還是靠政府以稅金資助才撐下來的銀行，管理階層都很失職。（經營銀行）這個工作超過他們的能力，但他們並無自知之明，法人股東也往往受『過大的』金融機構蒙蔽，無法處理問題……金融機構太過龐大與複雜，業務多樣，分公司散布各地，導致管理難以遂行[75]。」換言之，**穀倉問題就像希臘神話裡的九頭蛇，有**

時銀行會砍斷穀倉，希望問題就此斃命消失，沒想到蛇頭卻再次長出來。過度分工是無時無刻不在的威脅，不只糾纏瑞銀集團，也幾乎糾纏了所有的大型金融機構。

幸好故事並未就此結束，還有較振奮人心的另一面，將在後續章節娓娓道來。金融海嘯反映出穀倉對銀行有害，當時如此，現在亦然。但凡事有弊就有利，雖然有些銀行受穀倉與狹隘視野所累，但競爭對手則能趁機得利。金融界有一句歷久不衰的名言「市場上有一個人虧錢，往往就有另一個人賺錢。」瑞銀集團等金融機構因為抵押債務債券損失慘重，其他金融機構則坐受漁翁之利。穀倉是這一個人的災難，卻是另一個人的良機。

第八章會從這個點切入，闡述某間對沖基金公司如何審慎善用瑞銀集團等大型銀行裡的穀倉，但我們不妨先從另一個故事談起，檢視金融市場上的另一個問題，只是這一回的主角不是私人企業，而是公家機關：在二〇〇八年金融海嘯爆發以前，美國聯準會與英格蘭銀行裡的經濟專家如何誤判金融系統。

第4章

俄羅斯娃娃：穀倉如何造成狹隘視野

「專家知道所有答案，但你得先問對問題。」

——法國人類學家李維史陀

英國女王正站在倫敦政治經濟學院的一處大廳，神情困惑。那天是二〇〇八年十一月四日，英國女王來到倫敦政經學院這間全球首屈一指的名校，參加新大樓的剪綵活動。稍早之前，遊客、學生與孩童擠在狹窄街道的兩旁，揮舞英國國旗，熱烈歡迎著一身隆重服裝的她：乳白色小圓點洋裝、綁著乳白色蝴蝶結的大帽子、端莊的珍珠，加上黑色手套。

這本該是展現學術成果的盛會，時間點卻令人難堪。兩個月前，倫敦爆發嚴重金融危機，許多西方國家也哀鴻遍野，一間間銀行倒閉，市場面臨急凍，讓西方世界重重摔了一跤。不少富有家族（包括英國王室）財富縮水，但貧困人家受害更深，失業率持續上升，成千上萬個英美家庭失去房子。

許多經濟領域專家都設法剖析當前危機，倫敦政經學院也不例外，這裡的學者專家都是全球頂尖高手，況且倫敦政經學院又跟英國政府與各國政府關係密切，傑出校友莫文・金恩（Mervyn King）是英格蘭銀行行長（英格蘭銀行是英國央行，位於學院東方僅幾公里處），校長霍華・大衛斯（Howard Davies）在英國監管機關位居要職，教授查爾斯・古哈特（Charles Goodhart）也在英格蘭銀行擔任高階職務。這些絕頂聰明的人物都抱持明確定見，認為金融體系或經濟該遵照某套方式才算是運作正常，否則就算是運作不當。英國女王參觀這棟新大樓時，另一位地位隆崇的經濟學教授魯斯・加利卡諾（Luis Garicano）拿出幾份圖表，向她解釋金融圈的現況。

英國女王盯著五彩繽紛的圖表，以一貫高貴的語氣說：「太可怕了！」這句話打破一般慣例，令人意外，因為英國王室素來不願評論敏感政治議題。

她繼續問說：「為什麼沒人發現危機即將到來？如果（問題）這麼嚴重，怎麼沒人發現[1]？」

加利卡諾試著娓娓道出答案：**真正的問題不是經濟學界與金融業者愚昧不堪或圖謀不軌，而是他們在錯誤時間看著錯誤方向。由於證券化等創新發明，金融系統出現巨變，儘管許多人有片面了解，卻沒有人能綜觀全局，發覺危機已迫在眉睫。**加利卡諾說：「大家領什麼錢就做什麼事，卻沒有人能窺見全貌，串起蛛絲馬跡。」

英國女王抓著黑色手提袋，似乎沒被完全說服，但這也難怪，因為眾教授也一頭霧水，西方世界大多困惑不已。在外人看來，他們都是全球絕頂聰明的人物，有些還在政府高層任職，竟然會如此愚蠢不堪，簡直不可思議。要說他們在一夜之間變得盲目愚蠢，實在說不過去，比較合理的推測是各銀行蓄意隱瞞資料，用某種方法「欺騙」監管機關。

然而事實上，加利卡諾的「解說」甚至比他自己想得更發人深省。**金融海嘯反映出一件事，就連一大群專家都可能變得無比盲目，只要他們把世界區分成一個個牢固穀倉的話（或**

者也許該說專家格外容易陷入這種弊病）。本書第二章以索尼為例，說明組織內部的穀倉結構有時會害人員錯失創新機會。第三章以瑞銀集團為例，闡述內部穀倉也能害人員忽略風險。本章則從另一個角度出發，描述英格蘭銀行與倫敦政經學院（或美國聯準會與哈佛大學）的經濟專家在金融海嘯前出了什麼事。**穀倉不只存在於組織內部，也能影響整個社會團體，不同組織或國家裡的專家可能同時一起受穀倉所困，表現出盲目思維與部落行為。**

穀倉問題不只影響金融機構，也影響經濟學界，但這個「經濟學部落」（economics tribe）的故事格外發人深省，反映出**專家可能變得對自身想法過度自信，最終對近在眼前的危險視而不見**。經濟專家如同當年布赫迪厄在舞廳裡觀察的村民，只顧盯著「舞者」（或曰大家預期的經濟局勢），卻忽略「旁觀者」（或曰大家輕視的經濟現象）。後來英格蘭銀行副行長保羅．塔克（Paul Tucker）說：「為什麼這場危機會發生？部分原因出在我們所用的知識系統。」經濟教授古哈特則說：「（信用危機）不只源自英格蘭銀行或美國聯準會等的組織架構，也源自我們使用的心理地圖——**無論在學界、政府或各處都是**。想法很重要，但經濟專家統統抱持相同想法。」他們全陷於相同的**心理穀倉**。

取得經濟學博士，是樹立權威的必要手段

英格蘭銀行副行長保羅．塔克在經濟決策圈打滾的個人故事，清楚反映出穀倉問題。如果你在二〇〇八年秋季碰到塔克，就像英國女王那天在倫敦政經學院碰到他那樣，你會覺得他是很典型的現代經濟決策者。他身材中等，圓臉紅潤，給人慈祥之感，操著清晰鏗鏘的上流階層口音，朋友有時會說他講話像是聰明版的小熊維尼。不過他有時也會嚴肅起來，尤其每當他對經濟發表評論，金融市場都會肅然起敬。

塔克原本無意當個經濟專家。一九五八年，他生於一個中產階級家庭，在英國長大成人，進劍橋大學攻讀數學與哲學。他有點想進政府機關服務，在一九七九年向英格蘭銀行投履歷，雖無經濟學位卻雀屏中選。他說：「那時沒人認為非得要是經濟學博士才能在中央銀行工作。我們行裡有人同時取得希臘文與拉丁文的榮譽學位，有人是歷史高手，諸如此類。」

這反映當時對經濟學的看法。英文的「economics」（經濟學）源自兩個希臘單字：名詞「oikos」，意思是「房屋」；動詞「nemein」，意思是「管理」[2]。人類學家克里斯．漢恩（Chris Hann）與凱斯．哈特（Keith Hart）指出，「oikonomia」這個字，原本跟市場與交易

無關，而是指「替家中的特定事務強加秩序」或「讓家中有所秩序」[3]。這個最初意思流行於之後幾十年：十九世紀英國小說家珍．奧斯汀（Jane Austen）用「精於經濟」描述女性角色，意指精於差遣僕人；二十世紀的英美學校以「家庭經濟課」（家政課）稱呼烹飪與縫紉課程。這種把「經濟學」比擬於「家管」的概念，也影響到英格蘭銀行。

在英格蘭銀行成立的前兩世紀，人們認為金錢、社會與政治當然息息相關。英格蘭銀行不只應政府要求供應貨幣，也會發行政府債、監督財政，還有保護倫敦市的利益。因此在二十世紀中葉，英格蘭銀行期望年輕求職者能展現靈活彈性，並能宏觀掌握金錢在國內的流動情形。塔克進入英格蘭銀行以後，最初任職於金融控管部門，負責追蹤金融體系與商業銀行裡的大小狀況。後來他調到總體經濟研究部門，依正統經濟預測模型來決定貨幣政策（在調到這個部門之前，他利用假日與週末苦讀經濟學）[4]。接著他再次經歷改變，來到香港監管亞洲證券市場。他說：「到了一九八〇年代晚期，我們清楚認識到英格蘭銀行必須強化對經濟學的認知，才能保持領先地位。不過我們也仍會多方留意觀察，不只關注經濟數據。」

然而當塔克在一九九〇年代逐漸晉升，他開始留意到大家正微幅改變對「經濟學」的認知，進而改變相關做法。時間拉回十八世紀與十九世紀，亞當．斯密（Adam Smith）、湯瑪斯．馬爾薩斯（Thomas Malthus）、大衛．李嘉圖（David Ricardo）與約翰．穆勒（John

Stuart Mill）等先驅，逐步開拓經濟學研究，當時學界習慣一併探討經濟背後的其他影響因素，涉足政治分析與文化分析。

到了十九世紀晚期，經濟學愈來愈成為一門獨立學科，脫離其他社會科學。到了二十世紀，經濟學與其他學科愈行愈遠。二十世紀中葉，芝加哥大學教授羅伯特・盧卡斯（Robert Lucas）等經濟專家發展出一套經濟理論，認為人類總是按照理性行事，能準確套用特定經濟模型。這導致一個假設，那就是經濟學如同物理學，背後適用一套共通法則。接下來，經濟專家愈來愈愛用複雜的定量數學模型來觀察並探討經濟趨勢。倫敦政經學院教授古哈特說：「在經濟學界要成名，光靠提出複雜細緻的數學模型就行，不見得要多擅長實證測試。數學模型就是一切。」

對數學的沉迷不只影響學術界，也影響金融圈。就在盧卡斯開始根據「理性預期」理論探究經濟學之前，另一位經濟專家哈利・馬可維茲（Harry Markowitz）提出所謂的資本資產定價模型，試圖憑數據衡量資產風險（進而推估合理價格）。這個模型運用到凱斯・亞隆（Keith Arrow）與傑拉・德布魯（Gerard Debreu）先前提出的一組模型，變得相當重要。美國風險投資人暨經濟專家比爾・傑尼威（Bill Janeway）說：「大家把這套（亞隆德布魯）數學模型當成烏托邦的地圖，想迎向一個極有效率的完全市場[5]。」

不僅社會科學家三不五時嘲笑這種對數字的執迷，有些特立獨行的經濟學家也持嘲諷態度。比方說，加州大學洛杉磯分校經濟學教授阿賽爾・萊永胡伍德（Axel Leijonhufvud）想法格外反叛，在一九七三年寫下諷刺文章〈在經濟學家間過活〉（Life Among the Econ），嘲弄同仁對數學模型的執迷，並採取維多利亞時代人類學家可能用來描述原始部落的筆調：「經濟學家（部落）極端排外，甚至仇外，外人要跟他們一起生活著實困難，簡直堪稱危險。對簡簡單單的人而言，他們的社會結構錯綜複雜……一位成年男性的地位是高是低，取決於他替自身『領域』建立『模型』（即數學模型）的技藝好壞[6]。」

正如萊永胡伍德所言，經濟專家確實非常沉迷於他們「華麗炫目的模型」，誰要是無法展現數學模型功力，幾乎不可能在大學謀得終生教職；誰要是對數學興趣缺缺，跟政治科學與社會學等非數學「部落」走得較近，往往很難多有地位。計量經濟學家位居部落裡的最高階級。萊永胡伍德繼續寫道：「一來，經濟學家相當重視地位；二來，地位完全取決於提出的『模型』；三來，多數『模型』毫無實際用途。無怪乎，這個部落的文化落伍不堪[7]。」

萊永胡伍德的言論在社會科學界引來哈哈大笑，在主流經濟學界則無人聞問。經濟學界不會把自己想成「部落」，也不會思索自身的文化模式，一個原因在於經濟學家輕視社會科學，另一個原因則應驗人類學家布赫迪厄常掛在嘴上的講法，「經濟學部落」正日漸根深柢固，局內人沒有動機去質疑現況。到了二十世紀中葉，政府、企業與銀行愈來愈愛聘請學經濟出身的人才，要他們衡量當前的經濟局勢，還有預測未來的經濟走向。多數非經濟背景出身的人覺得隔行如隔山，不清楚他們是如何做出各種看似厲害的經濟預測，各種複雜的數學模型也顯得莫測高深，如同中世紀神父在教堂裡講的拉丁語，而經濟專家簡直宛若高高在上的神父，倫敦政經學院等大學的經濟系如同神學院。

時日過去，經濟學愈來愈高高在上。一九七〇年代，像塔克這種「只有」哲學與數學學位的畢業生仍能進去英格蘭銀行；到了二十世紀末，經濟學學位變成任職央行或財政部的必備入場券。英格蘭銀行行長金恩指出：「（前任行長）艾迪．喬治（Eddie George）想招募更多有經濟學背景的人員，才能在經濟分析層面跟財政部搭配。我們發覺必須要有人知道事情是怎麼運作，而且不怕從事經濟分析。」美國聯準會與美國財政部也是如此。二十世紀中葉，美國聯準會有時會招募法律或科學背景的人才（甚至招募毫無學位的人員）。

可是到了二十世紀末，一般人員都必須是學經濟出身的，甚至擁有經濟學博士學位，管理高層的學歷要求同樣很高，例如：一九八七年當上聯準會主席的艾倫．葛林斯潘（Alan Greenspan）就有博士學位[8]。葛林斯潘是工作數十年後，很晚才取得博士學位，而且跟那些後來接替他職務的人相比，這個學位也不算多漂亮，但他顯然認為取得經濟學博士學位是樹立權威的重要手段，甚至是必要手段。日後他盡力展現對經濟模型的熱愛，一股無比的熱愛，甚至他在進入聯準會以後，仍趁空閒時間建構自己的模型，並開心地表示這是他的「習慣」[9]。

當經濟學界對金融市場不再感興趣……

二〇〇二年，塔克晉升為英格蘭銀行的市場監管部門負責人，開始監督金融體系的運作狀況。理論上，管理市場團隊向來是一項殊榮。英格蘭銀行行長金恩回憶說：「（前任行長）艾迪．喬治一向都找最棒的經濟專家加入市場團隊，因為大家都認為市場團隊非常重要。在一九九二年以前……雖然艾迪也很明白經濟分析的重要性，但要想擠進英格蘭銀行的貨幣決策圈，深諳『市場』可謂入場券。」這次晉升確實甚具象徵意義，英格蘭銀行許多職員都認為塔克有一天能當上英格蘭銀行行長。塔克為人爽快風趣，內心懷抱壯志。

然而，塔克搬進挑高的新辦公室之際，正面臨一個問題。二十一世紀初期，市場監管部門的地位逐漸下滑。一九九七年，新政府上臺，決定大幅改革英格蘭銀行的運作方式。英格蘭銀行正式擁有獨立制訂貨幣政策的權力，成為更專業化的機構[10]。最值得注意的是，**政府債的販售工作轉移給債券管理處，個別銀行的監督工作轉移給金融服務局，「維護金融穩定」變得不再是英格蘭銀行的重要任務**。

另外還有一個細微議題。經濟學界對貨幣日漸不感興趣，也就對金融市場不感興趣。某方面而言，這種轉變乍聽之下很奇怪，畢竟非經濟背景的人大多認為貨幣是任何現代經濟體的核心，貨幣分析是經濟專家的首要任務。然而，自從二十世紀下半葉以降，愈來愈多經濟專家認為經濟是一個受通用法則所主宰的「系統」，或曰一個受盧卡斯眼中那些理性期望所主宰的系統，貨幣不再是個有趣議題，只是交易媒介，唯一有趣的地方在於價格能反映供需狀況，如同電路板上的電線。經濟專家研究貨幣時，只是想藉此了解「實體」經濟的其他有趣議題，例如：消費需求或生產力。這種轉變從英格蘭銀行或倫敦政經學院的書架陳列，可見一斑。

二十世紀中葉，也就是塔克進入英格蘭銀行的年代，大家是讀貨幣經濟專家唐恩・帕廷金（Don Patinkin）的《貨幣、利息與價格》（*Money, Interest and Prices*）等書，倫敦政經學院教授古哈特的《貨幣、資訊與變動》（*Money, Information and Uncertainty*）也很熱門。然而到了二十一世紀初期，經典大作換成專業經理人麥可・伍德福特（Michael Woodford）的

《利息與價格》（*Interest and Prices*），「貨幣」一詞，不再包括在書名裡。

塔克說：「我們並未公開宣稱要把貨幣從經濟模型裡拿掉，一切幾乎是源於直覺，因為貨幣變得被動，如同一塊面紗。大家或多或少認為經濟的所有趨動力來自其他地方，來自真實的那一面，貨幣只是在被動反應。」日後擔任金融服務局局長的阿岱爾．透納（Adair Turner）則說：「一九七〇跟一九八〇年代有一個重大改變。經濟學變得很著重數學——一切都該放進數學模型裡，但信用與貨幣很難放進來。經濟系所紛紛把金融課程從大學部抽掉。」

二〇〇三年，也就是塔克晉升的隔年，金恩獲選為英格蘭銀行行長，反映出這個潮流。金恩個性溫和，風趣幽默，戴著圓形眼鏡，原先是倫敦政經學院的知名經濟學教授[11]，從一九九〇年開始擔任英格蘭銀行的兼職顧問，接著轉任首席經濟師，最後當上行長，倫敦金融區為這起任命案大感振奮。金恩備受學界尊崇，一心想讓英格蘭銀行變得更獨立與「專業」。

雖然金恩對貨幣政策與總體經濟感興趣，但對貨幣的運用方式顯得不太感興趣。他了解金融史，寫過有關股市蔓延效果的論文，甚至在倫敦政經學院任教期間，組織了一個金融研究團隊。他說：「我（在一九九〇年代）做的其中一件事是要求所有新員工研讀金融史，後來還組了一個金融史討論小組，固定在晚餐時間聚會。」不過他對現代市場的瑣碎環節興趣缺缺。他的同仁古哈特說：「金恩喜歡研究的是總體（經濟）。」某方面，這屬於權宜手段，因為金恩認為英格蘭銀行的首要任務是壓低通膨。

另一方面，這也反映學界偏好，多數經濟專家認為金融業者的卑劣陰謀是一回事，經濟學是另一回事。哥倫比亞大學商學院教授查爾斯・卡洛米瑞（Charles Calomiris）說：「聯準會認為經濟與金融截然不同。市場研究人員待在一個部門，總體經濟研究人員待在另一個部門，非常涇渭分明。」各大學也是如此，經濟系從事「純」經濟分析，商學院則從事金融研究。傳播媒體不僅反映這種分裂，還起推波助瀾之效。（舉我任職的《金融時報》為例，**經濟小組歸經濟小組，市場團隊歸市場團隊**。此外，誠如我在別處所言，《華爾街日報》、彭博社、路透社與幾乎所有大型媒體集團，也是採取這類分工模式[12]。）塔克說：「放眼經濟決策圈，市場研究員往往像是次等公民，經濟研究員才是一等公民。先前數十年過度強調市場，該有些修正，但現在根本是矯枉過正。」

塔克對這種分裂狀況感到喪氣，所以二〇〇二年他接掌市場監管團隊以後，開始設法替部門提升地位。市場監管團隊有一百二十名人員，每年針對金融系統撰寫兩份〈金融穩定度報告〉，內容廣泛全面，旨在探究銀行等金融機構的表現。此外，他們也定期編寫季報。重點原本一向擺在銀行或股市這兩個明確易管的對象，但塔克與同仁決定擴大研究範圍。這樣做的主要原因，在於如今每天負責監管銀行的是金融服務局，不再是英格蘭銀行，而且金融服務局不希望英格蘭銀行插手干預。塔克鼓勵同仁開始研究銀行之外的金融體系，也就是不由金融服務局管控的部分。

他們的研究取得驚人發現。傳統上，列管銀行是金融系統最重要的一部分，中央銀行與監管機關也都把重點擺在這類銀行。到了二十世紀下半葉，監管機關（與媒體記者）開始把部分注意力轉移到銀行以外的地方，例如：對沖基金，在一九九八年紐約的對沖基金「長期資本管理公司」差點倒閉以後尤其如此[13]。

然而，當塔克團隊把目光放到銀行以外的地方，他們有一個重要發現，雖然對沖基金往往占據新聞版面，卻不是列管銀行以外的唯一金融猛獸。在金融圈裡，一大堆新公司與新產品如雨過春筍般紛紛出現，名稱一個比一個奇怪，金融圈以外的人聽了只會覺得一頭霧水。有些新產品稱為抵押債務債券（如前一章所述）；有些稱為「通道工具」（conduit）；有些稱為「結構性投資工具」（structured investment vehicle，簡稱ＳＩＶ），基本上如同能購買抵押債務債券等證券的虛擬銀行。

這些都無法納入中央銀行與監管機關原本所用的分類系統。許多新公司不像傳統銀行，既無儲蓄業務，也不承做貸款，而是靠賣短期債券籌措資金，再把錢拿來投資長期證券，投資標的往往是美國不動產債券。不過這些新公司也不是對沖基金。對沖基金最為人所知的是向個人或企業集資，然後投資風險性高的資產，而通道工具與結構性投資工具則力求低調，主要購買AAA級抵押債務債券等超安全金融商品。

英格蘭銀行人員不時討論這類改變對金融圈的影響。在美國，聯準會主席葛林斯潘等人傾向樂觀看待，認為金融業者正在尋求革新，以更有效率的方式讓金錢在經濟體裡順暢流通。在歐洲，有些人則持不同看法。在瑞士巴賽爾的國際清算銀行總部，頂尖經濟專家克勞迪歐．波里歐（Claudio Borio）與威廉．懷特（William White）警告說，新型金融商品可能很危險，原因在於沒人知道信用風險是分散到何處。包括安迪．荷登（Andy Haldane）等塔克的同仁則擔憂高比例貸款現象。

然而，英格蘭銀行的多數人員要不就是並未留意，要不就是抗拒公開發表意見，因為留意金融新趨勢是金融服務局等監管機關的職責，不是英格蘭銀行的職責，現在是由金融服務局握有控管銀行的權力。此外，如同金恩有時向員工說的，英格蘭銀行無法靠政策工具抑制潛在泡沫，依法唯一能影響各銀行的方式是發布金融報告，不然就是私下向金融服務局表示關切。金恩說：「我們只能說（出觀察），但什麼也不能做，畢竟我們無權如此。」他無意違反規定，也不想設法改變英格蘭銀行的職權，只想專注於心目中的第一要務，也就是替「實體」經濟傷腦筋。

金融與經濟研究的嚴重鴻溝

二〇〇六年十一月下旬，也就是塔克晉升為市場監管部門負責人的四年後，他來到倫敦市中心，踏進一五三七年由亨利八世所創的皇家砲兵隊總部，準備向高官做例行的經濟展望演講，內心卻感到為難[14]。當時多數人認為西方經濟正迎向黃金年代，經濟前景一片光明，經濟專家還把二十一世紀的第一個十年稱為「大管理」或「大穩定」時代。塔克在歷史悠久的木造大廳娓娓說道：「有些經濟專家口中的『大穩定』如今已為人熟知。基本上，平均通膨很低……經濟成長率與通貨膨脹率保持穩定。私人部門需求在合理範圍內強勁成長，而且看似……至少將繼續強勁成長一陣子。全球的經濟增長仍穩穩支撐英國的出口貿易……企業投資復甦，至於民間消費……可望成長至接近平均水準[15]。」用白話來講，如果你把經濟想像為飛機，目前飛機正飛往正確方向，儀表板上的多數指針顯示一切順利，大家可以放鬆下來。

但有一個經濟數字（或曰儀表板上的一根指針）令塔克不安。這個數字就是「廣義貨幣」（M4），亦即經濟體裡流通的實體貨幣與信用額度。根據傳統理論，在經濟迅速擴張之際，廣義貨幣會跟貨品價格或通貨膨脹同步增長。反過來說，在成長趨緩之際，廣義貨幣的擴張速度跟著變慢，也就往往壓低通貨膨脹。事實上，由於兩者的關係定義明確，各國央行在二十世紀中葉時常憑廣義貨幣數據決定是否提高利率。

然而，到了二〇〇六年十二月，這個長期成立的關係定義已遭打破。英國的通貨膨脹率不高，約為二%，經濟也穩健增長不至過熱，但儀表板上的廣義貨幣指針正在失控狂轉。塔克指出：「英國的廣義貨幣在一年裡增加約一五%，從二〇〇五年年初至今則增加約二五%[16]。」

這有關係嗎？幾個月前，塔克請幾位同仁調查廣義貨幣迅速擴張的原因，後來查到主因是許多歸類為「其他金融公司」的單位正大量借款與貸款。這個小分類是歸在「其餘各項」的大分類底下，凡是不符合一般分類系統的都歸到這裡。這些公司得靠「不是」什麼來界定：它們不是銀行、不是券商、不是保險業者，也不是其他界定清楚的單位。

塔克叫同仁深入研究，結果發現「其他金融公司」分類底下還有第二個子分類，稱為

「其他金融中介公司」，用來安置更不符合現有分類系統的奇怪公司。這個子分類底下的資料不甚齊全，但塔克的團隊認為它們大多在操作抵押債務債券、結構性投資工具、通道工具，還有塔克團隊在二〇〇二年首次發現的其他古怪新商品。塔克向皇家砲兵隊總部的觀眾說：「過去這一年，其他金融公司的資金增長其實主要來自……統計資料上的『其他金融中介公司』（高達十七個百分點）[17]。（其他金融中介公司）共計……在過去兩年都達到四〇％以上的年增率[18]。」

這對整個經濟有任何重大影響嗎？實在難說，原因是總體經濟分析人員尚未把核心經濟數據裡的趨勢挑出來，跟其他金融公司分類裡的昏暗疑雲互相比對。塔克惋惜地說：「想判斷廣義貨幣的增長，或者說其他金融公司所持資金的增長，對總體經濟有多大影響，實在非常困難。談到其他金融公司資金對總體經濟的影響程度，現有相關研究可謂少之又少[19]。」這個領域像是地圖上的一塊空白，也像是布赫迪厄在鄉下舞廳看到的局外人。

經濟學界關注於自認重要的地方，也就是「實體」經濟的數學模型，卻對實體經濟以外的地方不聞不問，也無意統合這兩個不同世界。事實上，**金融與經濟研究的鴻溝無比根深柢固，許多經濟專家根本沒留意到有鴻溝存在。他們投注大把光陰到數學等式的枝微末節，卻甚少反思自己所用的分類系統，對分類界線習焉不察。**

金恩指出：「有人把抵押債務債券造成的狀況跟總體經濟兜在一起嗎？事後回顧，答案是很少。不過問題在於背後的原因是什麼？原因不是沒人在研究抵押債務債券……（而是）太多人只關注瑣碎枝節，論文又太多，所以見樹不見林。」事實上，金恩事後思索問題所在時，傾向認為英格蘭銀行裡的資料太多，而不是太少，結果一顆顆聰明腦袋沒有專注在正確議題上。

金恩等人知道金融圈裡的所有新玩意兒，在塔克的那場演講過後不久，金恩在倫敦市長官邸的演講也提到新金融商品，但他們沒花多少時間（甚至完全沒花時間）思考這些古怪商品對貨幣政策的影響。他沉痛地表示：「多數公家單位有個問題，那就是年輕聰明的新人太多，經驗豐富的老手太少，沒有能力與眼光去分辨各個細節是否重要。談到分析研究，我們最大的問題是很難說服年輕人去綜觀全局，也很難說服主管去摹繪全局。」有些同仁也許會加上一句話：「包括金恩自己在內的英格蘭銀行高層也面臨這個問題。」

專家用大家不懂的專業術語來建立威信

大約四個月後，二〇〇七年四月，塔克做了另一場公開演講，這次是對沖基金系列演講，地點在倫敦一間時髦飯店，主辦單位為美林證券，現場觀眾情緒高昂。塔克在臺上說：「全球經濟蓬勃成長……各工業國家的整體通貨膨脹率依然控制得宜……簡言之，全球貨幣與金融保持穩定。銀行與企業獲利可觀，基金持有人，也就是在場的多數觀，能看到不錯的報酬率[20]。」用白話來講，現在經濟局勢很好。現場的男性（及少數女性）正愈來愈有錢。

然而塔克內心再次感到不安。在他看來，儀表板的指針動得不太對勁。通貨膨脹率依然正常，經濟成長率依然正常，但廣義貨幣持續上揚，資產價格（例如：房市與股市）也同樣高漲。為了抑制資產價格的上漲，英格蘭銀行與美國聯準會等各國央行多次提高利率，亦即拉高借錢的成本，可惜成效不彰，熱錢仍四處流竄，很難憑正常經濟模型加以解釋。

塔克認為問題出在銀行以外的地方。所有抵押債務債券、結構性投資工具與通道工具等使得金錢在金融系統裡流竄，政府官員與經濟專家都不了解箇中道理。然而有預感是一回事，憑極少資料證明事態不妙是另一回事。不管怎樣，金恩早已向同仁清楚表示，英格蘭銀行不該越俎代庖，猛響警鐘，那是金融服務局的職責才對。

因此塔克認為最好只指出市面上有難以定義的古怪新型金融商品，然後交由投資人自行判斷。他希望能有更多公開討論與妥善監督，讓局面不致失控。他告訴現場觀眾說：「（金融圈的）重要中介不再只有銀行、券商、保險公司、共同基金與退休基金等，也不只有對沖基金，另外還有抵押債務債券、特殊單一險種金融保證人、信用衍生產品公司、結構性投資工具、商業票據通道工具、槓桿併購基金，諸如此類……結構性投資工具裡也許包含AAA級抵押債務債券，那裡面又再包含另一個抵押債務債券……還包含各種槓桿併購基金、資產擔保證券，外加不動產貸款[21]。」

塔克知道觀眾大概鴨子聽雷，一大原因正在於陌生用語。**技術發展日趨複雜，我們往往跳過不懂的專業術語，學者專家則靠晦澀術語包裝自己，以建立威信**。如果大家沒有一套傳達背後概念的共通用語，想辯論政策實在無比困難，而當談到銀行以外的金融世界，目前似乎完全沒有合適的通用語彙。

因此當塔克站在講臺上之際，他試著拋出簡單用語，不要老講專業術語。為什麼非得用詰屈聱牙的艱澀名詞，例如：結構性投資工具、抵押債務債券、其他金融公司或其他金融中介公司？為什麼不用簡單好記的講法？例如：「工具式金融」怎麼樣？畢竟貨幣是靠金融「工具」流通。還是用「俄羅斯娃娃」來形容？新型金融商品彼此糾纏不清，正如一個包住一個的俄羅斯娃娃[22]。接下來，塔克用圖表解釋這些新型金融商品，盼能補足語彙的不足。他開玩笑地說：「這些也許管用，也許不管用。」

結果是不管用。「工具式金融」（vehicular finance）講起來不順口，而且會讓人聯想到交通工具①，而非高階金融。「俄羅斯娃娃」則讓人聯想到黑暗陰險的俄羅斯寡頭大亨。後來媒體有報導塔克的這場演講，但幾乎都沒提及現代金融，只著重其他幾個平淡無趣但記者（與經濟專家）確實了解的議題像是英國房市狀況、通膨趨勢與利率。在經濟專家與媒體記者的心理地圖裡，這些議題才位居中央。新聞標題若訂為「其他金融公司裡的其他金融中介公司」，根本毫無意義，離一般主流的心理地圖太過遙遠，無從激起大眾的共鳴[23]。

二十一世紀的經濟泡沫——影子銀行

四個月後，塔克期盼的易懂用詞出現了，但不是誕生於英格蘭銀行，而是在西邊六千多公里遠的地方。自從一九七八年以來，堪薩斯聯邦準備銀行每年八月會舉辦一場備受矚目的年會，邀請經濟專家、央行人員、媒體記者與政府官員參加，地點在洛磯山脈滑雪勝地「傑克森洞谷地」（Jackson Hole）[24]。這類高階會議往往無趣沉悶，相當學術，不過二〇〇七年的這場年會正巧蒙上陰影：全球金融市場面臨急凍。

金融危機的第一個徵兆出現於二〇〇七年初夏，那時美國不動產債券的價格開始下跌。起初多數人認為只是短期震盪，原因是全球經濟長期繁榮，導致房價過高，面臨回跌修正也很正常。新任聯準會主席本・柏南克（Ben Bernanke）表示，這次風波很快就能平息，不動產債券的減少金額不會超過二百五十億美元，對美國整體經濟而言只是九牛一毛[25]。英格蘭銀行行長金恩也表達類似看法，認為不必驚慌。

但一天天過去，市場焦慮逐漸升高。全球許多投資集團停止互相交易，市場信心下降，不動產債券等資產的價格下跌。市場恐慌程度之大，出席年會的經濟專家不禁感到困惑，畢竟數據顯示歐洲與美國的「實體」經濟體質健康，銀行部門也無需擔心。

然而在年會的第二天，來自加州的資產經理人保羅・麥卡利（Paul McCulley）講出一番令人震驚的話[26]。他是個特立獨行的人物，雖然任職於德盛安聯集團這家債券基金巨擘，卻留著長長的灰色馬尾[27]。他在學校主修經濟，熟悉抽象模型，卻也喜歡跟交易員聊天，藉此

---

① 英文的「汽車」與「工具」都是「vehicle」這個字。

一窺全球金融系統的黑暗祕辛，了解全球金錢流通背後無趣的「管線」機制。這讓麥卡利十分了解塔克所在意的新型金融工具。他是持否定態度，擔心這些新玩意兒設計得根本不安全，一再跟加州橘郡德盛安聯集團總部同仁（及任何肯聽的對象）耳提面命地說，別碰結構性投資工具與通道工具等金融商品。在他跟同仁討論時，他開始使用「影子銀行」（shadow bank）一詞指稱這些古怪金融猛獸。他後來回憶說：「我不知道『影子銀行』這名詞是哪裡來的，也許是從哪個學者口中聽來的吧。總之，這個詞還滿方便，我們就這麼用了起來。」

麥卡利站在講臺上，面對滿場的各個央行行長與經濟專家，幾乎不假思索的用起這個詞來，闡述全球市場的當前狀況。他說：「現在真正的問題出在影子銀行系統。」他把新金融機構比喻為傳統銀行系統，認為現況繼續發展下去將十分危險，原因是先前幾乎沒人留意到這一塊[28]。接著他繼續說出令人震驚的話：「（問題）出在這個約有一兆三千億美元資產的影子銀行系統[29]。」

在這之前，多數經濟專家與政府官員從未想過銀行與對沖基金這個「已知」世界的外面，但現在麥卡利突然給了這個新世界一個名字，從此無論各國央行行長想演講、媒體記者想寫新聞標題，還是經濟專家面對圖表、專欄或部落格，都有一個吸睛字眼可用[30]。更棒的是，麥卡利提供一個了解當前市場急凍原因的框架，具體細節相當複雜，但重點就是影子銀行的投資人發覺不對勁，原來這些影子銀行先前竟然悄悄持有大量不動產證券，因此他們大感驚慌失措[31]。一旦他們抽離資金，影子銀行即陷入困境。

如果影子銀行規模不大，這波恐慌也就影響不大。可是麥卡利指出，問題在於影子銀行躲過政府的目光，跟金融系統的許多部分交纏不清，如同森林裡的樹根，表面上看不見，暗地裡卻規模龐大，盤根錯節，把整個生態系統綁在一起。更重要的是，影子銀行讓信用過度擴張，影響多種資產的價格，導致部分經濟與金融系統出現過熱現象。這些導致經濟泡沫的擴張信用不是由影子銀行憑空創造，而是源自中國等全球各地的過量存款，由影子銀行迅速回收利用，規模又過度龐大，結果很少人明白整個系統充斥過多債款（經濟專家則偏好「槓桿」一詞），陷入危險局面。這是海曼．明斯基（Hyman Minsky）等經濟專家在二十世紀中葉常提出警告的典型泡沫經濟，但主要由於多數人忽略影子銀行，也就不知道二十一世紀的這顆經濟泡沫有多巨大，槓桿操作有多危險，等到發現時已然太遲。現在有了「影子銀行」一詞，他們終於能設法處理這次風波的禍首。

影子銀行，翻轉對金融世界的看法

那場年會過後的幾個月裡，信用危機持續惡化，決策高層改變了對金融世界的看法。紐約聯邦準備銀行的一支研究團隊著手解析影子銀行系統。由於相關資料十分零散，這項任務既耗時又困難，但他們仍努力探討各個新型金融商品之間的互動關連。團隊負責人是匈牙利裔的年輕研究者洛坦．波薩（Zoltan Pozsar），他指出：「我們從許多不同來源盡量取得資料，尋求更多線索，設法把一切拼湊起來。」

幾個月後，他們終於做出成果，發現影子銀行的世界無比龐大複雜。他們把結果畫成圖示，做成海報，結果整張海報有好幾公尺寬，無法掛在多數家庭的牆上，甚至連他們寬敞挑高的辦公室都掛不了。不過這也反映一個重點，那就是影子銀行系統無比龐大，忽視不得，任何人看到這一大張「影子銀行海報」都會改變對金融世界的看法，原本認為只有一般銀行位居金融體系的中心，影子銀行則形同小小的腳注；看了才明白影子銀行顯然也位居中心。貨幣市場基金等金融商品是這座影子金融世界的重要支柱。這張海報能翻轉想法，有些類似十六世紀哥白尼（Nicolaus Copernicus）畫的圖示，讓觀者明白是地球繞著太陽轉，不是太陽繞著地球轉。

他們印了一張海報給塔克，大到無法掛在他辦公室的任何一面牆上，但反正那張海報跟整間辦公室格格不入，畢竟英格蘭銀行總部位於一棟歷史悠久的建築，地板鋪著大理石，牆壁色調柔和，天花板富麗堂皇，走廊掛著巨幅油畫。不過他仍把海報捲起來，放在辦公室中央，有時跟訪客指著開玩笑說：「這是精神慰藉！如果我們在二〇〇七年能更了解影子銀行系統，泡沫不會膨脹到那麼大。」他的語氣戲謔中帶著懊悔。

接下來幾個月，塔克與其他監管人員呼籲各界對影子銀行進行更多分析，因此瑞士巴賽爾的金融穩定委員會（由央行行員與監管人員組成）著手估算影子銀行系統的規模。當初麥卡利在年會會場首次提起影子銀行時，對這個詞採取狹義定義，認為整個規模約為一兆三千億美元。然而，金融穩定委員會決定放寬定義，不只涵蓋通道工具與結構性投資工具，還包括對沖基金與共同基金等，結果整個影子銀行系統的規模大增，變為麥卡利當初所預估數字的六十倍，在二〇一一年約為六十七兆美元，等同全球正規銀行部門的一半規模，或者說是美國經濟總額的四倍。

有些金融業專家提出質疑，認為金融穩定委員會對影子銀行的定義太過寬鬆，於是金融穩定委員會後來採較嚴格的定義重新估算，最後指出實際規模約為二十七兆美元而非六十七兆美元。不過有一點倒沒人質疑，那就是監管人員與經濟專家必須關注影子銀行，並反思自己對金融世界的看法。馬克．卡尼（Mark Carney）在信用危機期間領導加拿大央行，後來擔任金融穩定委員會會長（然後來到英格蘭銀行），他表示：「全球各監管機關長期忽視影子銀行，這一點必須改變[32]。」

系統過度分工，導致決策者看不見危機

二〇〇九年夏季，英國女王造訪倫敦政經學院的將近一年以後，知名的英國皇家研究院舉辦一場經濟論壇，出席者包括不少「經濟神學院」的大人物，例如：高盛的首席經濟師吉姆．歐尼爾（Jim O'Neill）、英格蘭銀行的貨幣政策委員提姆．貝斯雷（Tim Besley），還有英國財政部高官尼克．麥芬森（Nick Macpherson）。塔克也間接對這次論壇做出貢獻。與會者花數小時討論英國女王在二〇〇八年提出的那個問題：為什麼沒人發覺「可怕」危機即將席捲而來？

最後與會者決定向英國皇室遞交一封正式的解釋信。整封信長達三頁，詳細敘述所有原因，但核心主旨很簡單：**決策者看不見危機的最大原因在於整個系統過度分工。總體經濟研**

究者關注經濟數字，卻忽略金融系統的細微變化；銀行監管機關監督個別銀行，卻忽略其他金融機構；有些民營銀行業者相當了解影子銀行，但沒有跟中央銀行人員交流。

此外，「實體」經濟的借款人（例如：購屋者或企業）根本不懂整個金融生態系統的運作方式。就像瑞銀集團陷入過度分工，倫敦分公司對紐約分公司的動向幾乎一無所知，這次的問題也如出一轍，不同決策者沒有交流關鍵資訊，也沒有把目光移出自己擅長的狹窄領域，只安然待在象牙塔裡，仗著經濟局勢看似一片光明，不覺得有必要走出去，結果他們沒有看見最重要的關鍵是，整個系統充斥槓桿或債款。

那封解釋信說：「否認心態開始作祟。低利率使借款變得便宜，『感覺良好因子』掩蓋全球經濟的真實面貌……人人自掃門前雪，照一般標準而言也通常掃得很好，問題是沒人看見這種做法逐漸導致一連串環環相扣的失衡狀況，不屬於任何主管機關的管轄範圍。」解釋信的結語是：「陛下，當局並未預見此次危機的出現時間與嚴重程度並防患未然，其背後原因甚多，但最大原因是國內外眾多頂尖專家一同失敗，未明白整個系統所面臨的風險[33]。」

英國女王對這解釋信有何看法不得而知，畢竟她並未回覆，但接下來幾個月，大西洋兩岸的決策圈紛紛出現動作，藉此展現他們已從金融危機中至少學到些教訓。許多旨在促使經濟專家採取更全面角度的措施逐一頒布。慈善家暨對沖基金經理人喬治．索羅斯（George

Soros）資助紐約新經濟思維研究院（Institute for New Economic Thinking），提倡更宏觀全面的經濟學研究。

阿岱爾．透納升職為金融服務局的第二任局長，他表示：「我們知道該徹底反思我們對經濟學的看法，還有反思經濟人才的培育方式。」各大學設法結合金融與總體經濟研究，經濟系所學生對「行為財務學」這個結合經濟學與心理學的學科變得更感興趣。連有些最知名的經濟學界大老都呼籲大家應反思經濟學研究，別再依賴模型與死守數字。前聯準會主席葛林斯潘坦承：「（金融危機）那整段期間顛覆我對經濟運作方式的既有認知。在我們最需要經濟模型的時候，經濟模型偏偏不管用了[34]。」

政府也推行結構性改革，試圖促進宏觀思考。英國政府宣布要改變從一九九七年起的做法，不再把貨幣政策與金融監管等兩項任務分開，而是重新交由單一機構負責。金融服務局因而關閉，原有任務移交給兩個新單位（分別為金融行為管理局與審慎監管局），其中金融行為管理局由英格蘭銀行負責監督，政府希望這次組織改組能迫使高層兼顧細微金融議題與總體經濟目標，不再把兩者各自擺在不同的心理與組織穀倉裡[35]。

一個新的「金融政策委員會」成立，跟負責向英格蘭銀行提供建議的「貨幣政策委員會」互相搭配。英格蘭銀行默默調整招聘政策，不只招募經濟系所的畢業生，也招募其他系所的畢業生。馬克・卡尼在二〇一三年十一月接替金恩的職位，擔任英格蘭銀行行長，他說：「我們知道該讓想法變得更多元才行。」二〇一四年年初，卡尼進一步展開全面大改組，打破原本的部門，把英格蘭銀行調整為「單一銀行」結構[36]。安迪・荷登從原先負責金融穩定小組，變成帶領經濟研究團隊。這些做法旨在迫使人員結合經濟分析與金融分析，全英格蘭銀行上上下下都要如此[37]。

大西洋另一邊也出現類似措施，雖然不如倫敦的做法那麼激烈。二〇一〇年，美國成立金融穩定監管委員會，負責協調全美的監管機關[38]。財政部底下設立金融研究辦公室，負責全面監控金融數據，辦公室主任李察・伯納（Richard Berner）在自己的牆上貼了一大張紙，上面劃過一道紅線，類似交通號誌，藉此宣示穀倉已遭禁止[39]。他愛說：「我們這裡絕無穀倉！我們知道穀倉在先前造成嚴重問題，但現在我們很想改變！」這是金融危機後風行的口號。

只有問題出現時，才會留意穀倉

但這些眼花撩亂的大小改革真能讓高層不再盲目嗎？塔克時常拿這個問題問自己。對他而言，金融危機過後的幾年可謂悲喜交加。二〇一三年，塔克當上英格蘭銀行副行長，同仁認為他是二〇一四年年初金恩退休後最可能的行長人選，但到了二〇一三年年底，英國財政大臣喬治．奧斯本（George Osborne）卻跳過塔克，選擇讓卡尼接替金恩的行長職位。塔克把整個職業生涯奉獻給英格蘭銀行，這種結果對他是一大打擊，但另一方面，也反映外界認為英格蘭銀行高層（還有政府與經濟學界）有多失敗。倫敦金融圈人士普遍認為當初塔克比多數同仁更清楚看見問題所在，但英格蘭銀行的招牌已簡直搖搖欲墜，奧斯本不得不找新面孔上臺[40]。

塔克有時不禁好奇如果當初他跟同仁大聲說出憂慮，事情是否會有什麼不同。英格蘭銀行能否在初期就戳破金融泡沫？葛林斯潘或金恩是否不得不思索當前榮景有無問題？底下人員不得不把目光從心愛的總體經濟數據與數學模型移往外面世界？他們會不會蹲下來仔細審視金融世界？如果他們這麼做了，會不會明白有多少槓桿或債款藏在金融系統裡？

答案無從得知，但塔克倒知道要解決穀倉問題不能單靠組織重組與口頭宣示。他說：

「這是現象論與知識論的問題。」他提的這兩個哲學用詞都關乎一整套知識體系。許多年前他在劍橋大學取得數學學位以後，開始投入哲學研究，首度思考知識論的問題，也就是探究知識的本質。接下來數十年，他遠離哲學領域，一頭栽進正統經濟學，等金融危機爆發以後，他才重新認識到人文教育的價值。

他解釋說：「**破除穀倉要的不是實際行動，而是心態轉變，要有（傾聽他人說話的）一份好奇與謙遜。以前我們監管人員各行其是，任務彼此不同；現在我們想避免穀倉，任務互相重疊。任務重疊會不方便做事，但各行其是又對社會很危險。**」

塔克認為未來將碰到真正的考驗：「事情運作順利的時候，沒人想到什麼穀倉。老實說，任務重疊很容易導致大家互爭地盤，穀倉則讓大家相安無事，所以大家只在問題出現時才留意起穀倉。」或者換個說法，**一組專家需要開始討論分類系統的關鍵時機不是危機發生之際，而是一切成功之際**。

英格蘭銀行或其他地方是否有人能改變這種盲目？塔克常拿這個問題問自己，但想不出好答案。在本書的第二部分，我會轉為探討這個關鍵問題，檢視有些個人或組織如何避免瑞銀集團、索尼與經濟學界的錯誤。這些故事包含成功與失敗的例子，即使成功也只是目前如此，但所有故事都展現個人如何體認到穀倉的危害，並設法憑創意找出解決之道，因此我們都能從中學得啟示。

我們會看到臉書如何試著採取不同措施，避免各團隊變得只顧自己與目光局限，淪為索尼的翻版。我們會探討藍山對沖基金如何設法讓人員跳脫穀倉思維，不僅避免像瑞銀集團與花旗集團那樣深陷泥淖，還積極從這些大型銀行的弱點中得利。此外，我們也會檢視克里夫蘭臨床醫學中心的一支專家團隊如何採取不同方法，逼自己質疑現有的分類系統，讓思維變得更靈活與創新。臨床醫學中心跟英格蘭銀行相差甚遠，但如果英格蘭銀行的經濟專家懂得採用這群醫生的部分做法，他們在二〇〇八年以前也許能更加了解金融系統。

然而，我想先說的不是某一個組織的故事，而是某一個人的故事：某個電腦狂決定離開線上餐廳訂位網站 OpenTable 的舒服工作，自行投入破除穀倉的工作，在芝加哥最鮮血四濺的危險街道跟員警弟兄一起打拚。

Part 2 / 破除穀倉

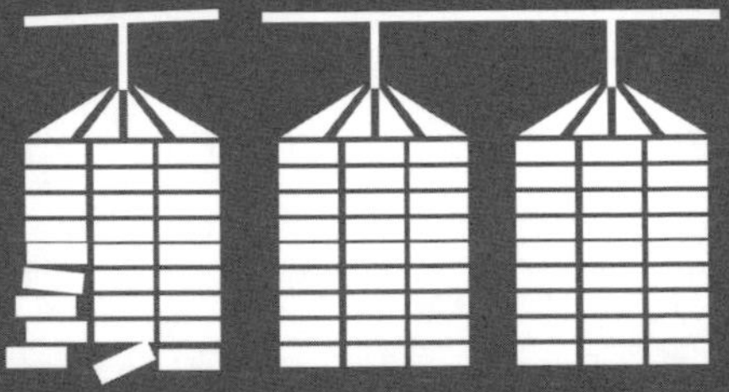

/ THE SILO EFFECT /

第5章

持槍客：如何打破個人的穀倉

「你無法預先串起人生裡的點點滴滴，只有回顧時才能恍然大悟，所以你必須相信人生的點點滴滴在未來終將串在一起。」

——蘋果公司創辦人賈伯斯[1]

布雷特．高斯坦（Brett Goldstein）坐在飛機後面的座位上，滑過芝加哥米德威機場的跑道，感到一股顫慄的恐懼。這原本該是平凡無奇的一天才對。當時高斯坦二十六歲，這兩年任職於線上餐廳訂位網站 OpenTable。OpenTable 成立於一九九九年，是許多年輕專業人才夢寐以求的好公司，能在那裡工作還不賴。由於 OpenTable 想跨足國外市場，高斯坦時常搭機出差。

但在二〇〇一年九月十一日的這一刻，他坐在飛機上，感覺原本舒服美好的世界正在土崩瓦解。四周的手機與呼叫器紛紛響起。機上廣播傳出聲音，要求所有乘客下機。高斯坦覺得一頭霧水，跟著其他乘客走回異常安靜的航廈，看見一群群人僵立在電視螢幕前面。後來他回憶說：「通常機場裡每個人都是趕往不同方向，那天卻不是那樣，看起來滿奇怪的。」只見大家擠在一起，默默看著一架飛機撞進紐約世貿中心大樓。他感到慌亂驚恐，試著打給在芝加哥的太太，打給分散在全球各地的同事，但手機打不了，最後才終於找到一臺公共電話。他回憶說：「我打給我們公司的客服中心，開始查起下屬的安危，因為我們有很多人都要飛來飛去。我也連絡上我太太，我嚷著說我不知道該如何是好。」

高斯坦匆匆跳上計程車，趕回芝加哥市郊的住處。他聽到廣播說世貿大樓倒塌，一架飛機失事墜毀，數千人喪失性命。他說：「那趟回家的路真是漫長。」就在他聽著廣播之際，心裡某個東西啪地一聲斷了。在那之前，他覺得日子過得還不錯，但突然間他對生活不再滿意。他解釋說：「我聽著全國公共廣播電臺，看著有線電視新聞網（CNN），發覺很多人那天是在做真正有意義的事情，所以我問自己說：我真想一輩子都在搞這個給人訂餐廳的大型網站嗎？我是在幫吃得起大餐的那群人吃得更開心，這個生意點子很讚，而且我想我們做得很有聲有色。但我忽然覺得我該做些重要的事情。」

這不是高斯坦首次想替社會做點事，他大學時待過急難醫療義工隊，還短暫考慮過學醫。但現在他能怎麼做？接下來幾個月，高斯坦返回工作崗位，跟全美民眾一起試著走出悲劇的陰影。他公司迅速擴張，他忙著工作與出差，但在難得靜下來之際，他總思索自己還能做什麼其他事情。最初他認為回饋社會的最佳方式是慈善樂捐或社區服務，畢竟這是多數人的選擇。他說：「大概二〇〇二年還是二〇〇三年的時候，地方電視臺說衛生所徵集志工，負責在冬天探訪老人與流浪漢，我看了想說：『不錯呀，做這個滿好的。』」但他仍不滿意。他有一份說不出口的衝動，想尋求徹頭徹尾的改變。接下來，某個週末他翻著報紙，看到紐約有一項招募白領專才協助警方對抗恐怖主義的新計畫[2]。他很感興趣。雖然他不想從芝加哥附近搬去紐約，但也許他能跟芝加哥警方實行這點子？

高斯坦向朋友與家人詢問意見，大家一聽多半困惑不已。芝加哥的犯罪率在全美數一數二，相當惡名昭彰，甚至遭聯邦調查局稱為美國的「謀殺之都」，某些社區的人均死亡率有時媲美戰區[3]，至於芝加哥警局聲名狼藉，常爆發醜聞，也形同一個棘手部落，以傳統自詡，非常保守排外。高斯坦在波士頓祥和寧靜的郊區長大，如今偶爾戲稱當年讀的是「私立寄宿學校那類玩意兒」。他身形瘦削，容易害羞，在公司同仁面前上臺簡報時往往很緊張，這輩子從沒摸過槍，看好萊塢電影是他離警車最近的時候。他表示：「我爸媽嚇壞了。沒人理解為什麼我正帶領 OpenTable 網站成長茁壯，竟然會想跑去警局工作。大家的反應像是說：『喔，你想替社會做點事就去啊，但還是進學術圈或知名智庫蘭德公司吧！』」

大家都不支持他，然而太太莎拉卻站在他這邊，因此他決定走下去。他做些研究，發現要真正進入芝加哥警局可能得花五年，但仍默默報名筆試，不久後到伊利諾大學芝加哥分校的體育館跟數千人一同應試，筆試過關後進入資料審查階段。接著他靜靜等候。

警局接到他的審查資料以後，跟他父母一樣錯愕。他回憶說：「為了做背景調查，一位女士過來面試我跟我太太莎拉，她的表情彷彿在說：『你確定你真的想當警察嗎？』」但他展現堅定意願。那時他心底閃過一個想法：如果他獲選加入警局，他能憑專業經驗一展長才嗎？他甚至能改善芝加哥警局嗎？他不太清楚該如何辦到這一點。不過儘管機會渺茫，儘管自己不甚了解，他卻即將踏上一段旅程，不僅改變自己的人生，而且讓我們看見他面對穀倉的態度。或者說，讓我們看見如何對抗穀倉的方法。

在本書的第一部分，我說明**人類傾向把周遭事物歸類進心理、社會或組織的箱子裡，往往逐漸陷入穀倉的窠臼。當穀倉變得牢固，人們往往做出蠢事，導致禍端，既看不見機會，也看不見風險**。然而在本書的第二部分，我不再只關注穀倉的危害，而是尋求可能的解決之道。有些故事涉及企業文化與組織架構的大改變，但在聚焦組織層面之前，不妨先思考個人層面，畢竟組織是由一大群個人所組成，對抗組織的第一步不是始於高層委員會、組織結構圖或宏觀大計畫，而是始於我們的頭腦。

現在，先回到第一章裡人類學家布赫迪厄的故事。他沉浸於異文化，一頭栽進另一個世界，結果獲得看待生活的新角度，不僅了解阿爾及利亞的社會，還能以嶄新眼光檢視法國的社會。這故事帶有深遠的啟示：當我們能像布赫迪厄般**既在局內又在局外，敢於躍過邊界，就能跳脫既有分類系統的牢籠，破除狹隘視野，深切洞悉在背後形塑我們的文化常規，看見原本通常習焉不察的種種事物**。不只有人類學家能如此，**任何人只要樂於跳脫穀倉，破除既有生活裡的界線，就能獲得全新視野，有時能立即想出創新點子，有時則要等許多年才開花結果**。

舉蘋果公司的創辦人賈伯斯為例，他從俄勒岡州波特蘭市的里德大學半途休學，但依然留在校園裡旁聽不少特別的課程，例如：書寫課。當時來看，這門課沒有實際效用，但若干年後，在他設計蘋果電腦之際，他把資訊技術與當初所學看似無用的書法寫字結合，而獲得絕佳的設計成果。他在史丹佛大學演講時向學生說：「如果我當初沒有旁聽那門書寫課，麥金塔電腦不會有多樣且優美的字型與文字間距。」

賈伯斯的結論是：「你無法預先串起人生裡的點點滴滴，只有回顧時才能恍然大悟。」他叫學生要敢於冒險，而且要「相信人生的點點滴滴在未來終將串在一起。」或者換個角度來說，破除穀倉能從意外之處激發創新。如果我們願意大膽跨出自己生活裡的界線，就能獲得意外收穫。那位突然決定加入芝加哥警局的電腦狂就是一個例子。

情資不流通，導致九一一恐攻事件

雖然高斯坦自己不知道，但他從線上餐廳訂位網站 OpenTable 跳槽到警界的時機，可謂相當理想。過去數十年間，芝加哥警局素以組織龐大與注重傳統著稱，共有一萬三千名警力，其中多數都是一輩子擔任警職，而且他們的父親、祖父，甚至高祖父往往也是警察。大家很難信任從外頭調進來的空降部隊，對外人多半採取懷疑態度，各任芝加哥市警局局長幾乎都出身自這個盤根錯節的部落也就不足為奇[4]。

然而，到了二十一世紀初，當高斯坦在思索人生方向之際，芝加哥警局內部爆發嚴重的衝突事件與貪汙醜聞，足以媲美這座城市長年以來種種貪汙與犯罪等不法情事。二〇〇七年，局長費爾．可林（Phil Cline）辭職。市府高層想讓新面孔出線，決定打破五十年來的慣例，首次找外頭的人擔任芝加哥警局局長：裘德．偉斯（Jody Weis）[5]。

二〇〇八年二月一日，偉斯接下這個年薪三十一萬美元的職位。他一臉就是警察的樣子，根本可以參演好萊塢警匪片，有著寬闊肩膀，輪廓分明，眼距很寬，但先前二十二年他是替聯邦調查局工作，不是替警方效力，工作單位在賓州東部等地，許多當地警官因此認為他不會適任。後來羅德里柯麥克阿瑟司法中心的主任洛克．鮑曼（Locke Bowman）表示：「偉斯人都還沒到，勢力龐大的芝加哥警察工會就已經看他不爽了。芝加哥警察工會最不希望的就是外人進來插手他們的事務，不管那個外人是誰都一樣[6]。」

不過偉斯寧可認為這是好處，他表示：「我是從外頭來的，跟芝加哥警局或芝加哥這城市沒有任何特殊瓜葛，所以我能從比較客觀的角度來看芝加哥警局。我知道芝加哥警局是個有著驕傲歷史的悠久組織，所以我絕對不會把聯邦調查局那一套整個搬過來，但我想聯邦調查局的有些做法還是值得參考。」

偉斯尤其對警局運作方式另有一套見解。他待過的聯邦調查局單位多半充斥著一座座穀倉。正如索尼或瑞銀集團的不同部門往往把資訊緊抓在自己手中，美國警方、聯邦調查局與中央情報局的不同部門也愛偷留一手，背後動機包括自衛、猜忌與競爭心理。這有時會導致禍害，一個知名例子是美國情報單位並未阻止九一一恐怖攻擊事件，許多美國情報單位都發現蓋達組織有發動恐怖攻擊的跡象，但不同情資握在不同單位手中，沒人有能力或意願整合所有情報以拼湊全局，結果整個情報系統並未聯手預防恐攻[7]。

然而，在中央情報局犯下這個錯誤之後，其他情蒐與調查單位仍一再重蹈覆轍，包括聯邦調查局在內。偉斯指出：「當我（在聯邦調查局裡）還年輕的時候，有個朋友老愛說：『你猜怎麼樣？如果我們是把情報寫在衛生紙上，至少還能派上點用場。』我們錄了一捲捲壞蛋跟臥底探員好幾百小時的對話，錄了一捲捲壞蛋跟線民好幾百小時的對話，但這些錄音帶只擺在箱子裡，一點用處也沒有。」

警界高層有時會設法破除過度分工的官僚文化。一九九〇年代，紐約警局局長比爾．布拉頓（Bill Bratton）想出一個創新做法，那就是主動結合社區工作，稱為「破窗維安辦法」。布拉頓認為社區必須保持穩定與和睦，加上警方確實貫徹維安工作，方能有效抑制犯罪。如果街上有窗戶破了，代表沒人對社區抱持多大的責任心，警方要打擊犯罪也就難上加難。布拉頓相信居民必須以自己的社區為榮，才能保障安全。如果警方想降低犯罪率，不只該逮捕罪犯，還要修補破窗。這有賴團結合作，有賴群策群力。

可是偉斯認為還有另一個**打擊犯罪的方法，即讓資訊流動更順暢**。偉斯說：「九一一事件以後，我們這些聯邦調查局人員認為有必要改變現有的做事方法。」換言之，不同部門該停止明爭暗鬥，改為攜手合作，互相交流資料、線民與情報。他在聯邦調查局的費城分部時，負責監督一個視訊電腦系統開發計畫，這套系統能讓聯邦調查局、中央情報局與警方等不同單位一起討論犯罪防治與恐攻威脅。

偉斯說：「我們把所有線民標在地圖上，了解涵蓋的範圍，要是有地方沒涵蓋到就設法建立線民，這樣如果有槍擊案等狀況發生，我們可以去找線民說：『(有人)遇到槍擊了，我們必須找出凶手，所以快上街明查暗訪一下吧。』我們能得到許多好情報，掌握所有性侵犯，知道居民的大小消息，替地圖填上愈來愈多的資料。如果有孩童遭誘拐，而且我們知道是發生在哪個地點，就可以立刻查出該地區有多少個性侵前科犯。」

在外人來看，這種資料分享做法合情合理。有些警界高層試過付諸實行，布拉頓在一九九〇年代也推行過一個知名的前瞻政策，稱為電腦資料化政策，試圖嚴密追蹤犯罪資料。

然而，許多資深警官與聯邦調查局幹員討厭這種全面分享資料的做法，不想改變他們長年的辦案習慣，只想把他們「自己的」資料握在手中。偉斯坦承：「即使九一一事件已經發生十年了，我有些（在聯邦調查局的）好朋友還在說我們不該從事反恐或情蒐工作。」不過他依然認為美國維安單位應改變現有做法，因為外頭世界變得愈來愈環環相扣與變動不居，沒人能只躲在一個專業的箱子裡。聯邦調查局與中央情報局必須破除穀倉，警方同樣也是，芝加哥警局這種超大型單位，尤應如此。

從科技業轉戰警界，也能學以致用

二〇〇六年酷熱的八月中旬，三十一歲的高斯坦到芝加哥警察學校報到，離他當初報考警察已將近整整三年。芝加哥警察學校位於芝加哥市中心的西區，一棟灰色低矮的教學大樓。他滿心懷抱著改善世界的理想，但實際訓練如同震撼教育。訓練的第一天，他跟幾個受訓人員編成一組，列隊走進餐廳。他回憶說：「他們大聲發號施令。我們分成他們口中的『分隊』，排成一列縱隊行進。那是個半軍事化的單位，他們還講什麼制服的事，我聽了一點概念也沒有。你會領到所有該有的東西，像是短褲、T恤跟鞋子，而且都沒有牌子！竟然沒有牌子！」

先前高斯坦沒思考過運動鞋是否都會印上牌子。在新潮的科技創業界，也就是他原本工作的地方，根本沒有服裝規定，但大家普遍是穿運動鞋，似乎每雙鞋也都有品牌。在芝加哥警察學校的禮堂裡，高斯坦明白他正置身於一個不同文化的世界，原本的常理不再管用，他突然間被迫反思原本認為理所當然的事物。

訓練一開始就是下馬威。在列隊行進以後，長官命令高斯坦那個小隊做一種歷史悠久的訓練動作，稱為「撐著休息」，每名受訓人員必須以伏地挺身動作長時間撐著不動，由長官在一旁監督。高斯坦覺得這個例行訓練毫無意義，半點好處也沒有，但上級認為「撐著休息」相當重要，理應列為整個訓練的一環。

高斯坦回憶說：「八月進去的第一個禮拜實在超級熱，而且那邊沒裝冷氣，所以在你做撐著休息的動作時，汗水不斷從頭上往下滴，形成一灘水，但你知道要是稍微動一下，長官會馬上開罵。接下來，你好不容易想說終於結束了，長官卻叫你做健身體操，動作包括開合跳跟伏地挺身，一直一直做下去。之後他們帶你去跑步，地點在一個上坡車道，而且你必須抱著一個隊友來跑。」

那天晚上，高斯坦頭暈眼花，渾身痠痛，一跛一跛走回家。他沖了一個冷水澡，吃下八百毫克的布洛芬消炎藥。他回憶說：「當時我心想：『所以我辭掉工作就為了這個？我到底幹了什麼好事？』」不過隔天他仍返回芝加哥警察學校，吞下布洛芬，展開一成不變的訓練。隔天又是相同訓練，一次又一次。他年紀幾乎是最大的，學歷也高得多，靜態學科輕鬆容易，體能訓練卻令他頭大，他只能硬逼自己一次又一次奔來跑去，一次又一次「撐著休息」，別去想：「為什麼？」後來他領到一把槍，必須朝靶子射擊，於是他拿出從小到大一貫的沉著專注。他語帶訝異的回憶說：「我發覺我射得很準。我們班有上百人，我排第四名。」

下一階段的訓練更加嚴酷。後來高斯坦以第一名成績畢業，所以能從全芝加哥選擇想工作的地區。選項各形各色。芝加哥有許多平靜祥和的安全區域，尤其是有錢人住的郊區地帶，但高斯坦認為不入虎穴，焉得虎子，決定跳過郊區，要求加入芝加哥市中心西區的第十一轄區，那個龍蛇雜處的高危險區域。他說：「我是在市郊長大的，不是在市中心長大的，所以第一天到西區的時候，真是我的天啊！那裡有毒犯，那裡有罪犯，那裡有槍擊，簡直什麼都有。」他試著跟其他員警混熟，但大家都很戒備他這個明顯受過良好教育的有錢傢伙。最後在一次午休時間，負責帶他的羅德．嘉德納（Rod Gardner）在警局地下室健身房裡偷偷把他拉到一邊。

嘉德納問：「你知道大家都懷疑你是聯邦調查局的（臥底）吧？」

高斯坦回答：「是喔？」芝加哥警局長年受貪汙與臥底所擾，但是他從沒想到自己會捲入其中。

「對啊！大家都懷疑你是聯邦調查局派來的臥底。」嘉德納說：「你學得超快，文書工作方面沒問過半個問題，個性很安靜，年紀比較大，而且還是專業人士。大家都認為你是聯邦調查局的臥底。」

高斯坦大吃一驚，但仍冷靜以對。幾個月過去，他跟其他員警一起執勤，漸漸感覺內心變了，有時不禁懷疑這整段冒險是否跟「撐著休息」訓練一樣沒意義，有時又覺得自己正看見一個新世界。幾年前，他覺得犯罪與貧窮跟他無關，是別人家的事。他認為正常生活就是住在寧靜安全的地方，孩子乖乖上學，企業人士靠設計厲害的應用程式或網站賺錢，人人都穿有品牌的運動鞋。然而，當他從警車裡往外看著芝加哥西區，卻發覺自己原本那種生活不是通例而是特例，絕大多數人一輩子都不是那樣過活。他對世界更加了解，想法逐漸轉變。

二〇〇九年夏季，幾乎就在高斯坦進入芝加哥警察學校受訓的三年後，一個意外事件清楚反映他的轉變。他已跟同仁花無數時間一次次巡邏過第十一轄區的大街小巷，不再感覺大家把他當臥底，逐漸融入警察的世界，卻依然懷疑自己能否「勝任」警務，能否在緊急時刻憑直覺妥善反應？後來，七月的某一天，他開家裡那輛車載懷孕的太太與一歲大的兒子去吃冰淇淋，突然看見一名歹徒掏出手槍，朝前面那輛車開槍，不是空包彈，是貨真價實的要致人於死。

如果是三年前，高斯坦會先為了保護家人而駛離現場，再報警處理，但如今他沒有這麼做，反而猛踩煞車，拔出手槍，跳下車衝向槍手，一路從大街追進小巷，把槍手當場逮捕。高斯坦回憶說：「大家說在這種狀況裡時間會慢下來，但對我不是，一切反而發生得超快，我就那麼衝進巷子裡，面對一個剛殺過人的槍手，僥倖沒挨到他的子彈。一切都是訓練使然，不然如果當下我去想的話，什麼才是正確的選擇？我懷孕的老婆就在車裡，而那傢伙在開槍殺人，是你的話會怎麼做？就是個直覺反應。」

那起意外之後，他找到死者的家屬，得知那個名叫傑夫・馬爾多納多（Jeff Maldonado）的十九歲黑人青年，是充滿抱負的饒舌歌手。槍手名叫馬瑟立納・索賽達（Marcelina Sauseda），為了先前的黑道衝突開槍報復，但馬爾多納多的家長表示，他們的兒子沒有混黑社會，只是要去社區大學上課，搭朋友的便車，沒想到竟然無辜喪命[8]。

高斯坦憑這個英勇行為獲得很多表揚[9]。不過他知道他是從鬼門關前走了一遭。他再也無法像以前那樣審視犯罪數據，謀殺案突然間變得切身無比。

理工宅如何精準預測命案地點？

到了二〇〇九年年中，芝加哥警局新任局長裘德．偉斯有些灰心。他是抱持雄心來到芝加哥，不僅想改善芝加哥警局的形象，更重要的是，要降低居高不下的謀殺率，結果他卻陷入泥淖。二〇〇八年，也就是偉斯上任的第一年，謀殺率仍往上攀升。

二〇〇八年年底，奧斯卡獎得主兼知名歌手珍妮佛．哈德森（Jennifer Hudson）的親人在芝加哥警局南區驚傳遭人謀殺，紐約的《每日新聞》（*Daily News*）報導指出：「今年芝加哥的命案死亡人數高過紐約，而且紐約人口數是芝加哥的三倍[10]。」偉斯認為犯罪率增加的原因，是「特殊任務隊」在他就任前因捲入醜聞而解散。特殊任務隊由警界菁英組成，負責在犯罪情事發生時迅速到場處理，以有效打擊犯罪為市民所稱譽，可惜部分成員自己也涉入不法情事，結果全隊只好解散。二〇〇九年的現在，偉斯悄悄恢復特殊任務隊，只是名稱換成「行動維安隊」[11]。

偉斯認為這是打擊黑道衝突的唯一方式：「如果有黑道開槍，你知道接下來會有報復行動，這時我們就派數百名特殊警力到該區域加以阻止，讓一切保持太平。」結果二〇〇九年的謀殺率呈微幅下降，但仍高得驚人。《芝加哥太陽報》（*Chicago Sun-Times*）指出：「放眼各大城市，芝加哥的人均謀殺率是洛杉磯的二倍，更是紐約的二倍以上。芝加哥西區與南區的犯罪率最高，一般民眾活得擔驚受怕[12]。」由於治安太過敗壞，地方政治人物不時質疑是否該請國民兵進駐街頭[13]。

偉斯自己也時常面臨芝加哥治安是否已然失控的質疑，他總回答說並未失控，但一個月又一個月過去，黑幫火拼依舊頻傳，網路上充斥血淋淋的現場照片與影片，政治效應更形擴大。偉斯不禁把芝城比喻為戰區：「就美國城市而言，（這種謀殺率）實在無法接受，何況芝加哥是一個這麼美好的城市。我們並不是『芝拉克』①[14]。」

政治壓力升高，偉斯四處尋求新點子。二〇〇九年夏季，他的幕僚主任麥可．馬斯特斯（Michael Masters）提出一個創新想法。馬斯特斯待過美國海軍，跟高斯坦有過一面之緣。當時高斯坦與其他人從芝加哥警察學校結訓，跟馬斯特斯在市長辦公室碰到面，高斯坦向馬斯特斯說他期盼把自己的技術背景跟這份工作結合，改變警方對資料的運用方式。如今馬斯特斯向偉斯建議說，不妨請高斯坦設法建立電腦模型，探討犯罪率增加的原因，於是偉斯找來高斯坦發表高見。

偉斯回憶說：「那時我們坐下來談。高斯坦的個性有點特別，有點愛耍冷，有點怪怪的，就是一副理工宅的樣子。」高斯坦向偉斯解釋，當初他怎麼運用尖端電腦模型與複雜數學技術，讓線上餐廳訂位網站 OpenTable 把消費者與餐廳配在一起，整個計畫涉及大量追蹤、建模與分析，看似跟打擊犯罪沒有明顯關連，但他自認也許能把在 OpenTable 與加州大學學到的電腦技術運用到警務工作。如果演算法能知道餐廳的熱門程度與合適客群，或許也能追蹤犯罪模式。

芝加哥警局從未試過這類方法。他們在二十一世紀初曾借用紐約電腦資料平臺（亦即資料追蹤系統）的部分概念，設法釐清犯罪模式[15]，結果成效不彰，員警還是習慣拿槍追蹤惡徒，不想靠電腦。然而，偉斯在聯邦調查局費城分部見識過電腦分析的功效，於是他把高斯坦從第十一轄區調進芝加哥警局總部，在三樓替他安排一間沒窗戶的小辦公室。

高斯坦裝了幾部舊電腦，盡量蒐集犯罪資料，和卡內基美隆大學的幾位技術專家聯手展開分析。跟處理餐廳訂位資料時一樣，他設法從資料裡找出模式與關連，預估未來的趨勢。

①他藉這個詞把芝加哥比擬為伊拉克。

各起黑道槍擊之間有跡可循嗎？謀殺案有特別容易發生的時間與地點嗎？他把死亡報告顯示在一部大電腦的螢幕上，加上其他犯罪資料，設法找出箇中關連。

芝加哥警局裡流傳一個說法，每逢滿月、酷暑或颳大風，犯罪率就會增加。因此高斯坦把謀殺案跟月亮週期與氣溫紀錄互相比對，再跟風速紀錄比較，結果謀殺率與月亮週期並無直接關連，跟氣溫與風速也看似無關，但如果氣溫在短期內增加華氏十五度（約攝氏八度）以上（例如：從華氏六十五度〔約攝氏十八度〕增至八十度〔約攝氏二十六度〕），犯罪率會大幅竄升；反之，如果天氣相當酷熱，例如：超過華氏九十度（約攝氏三十二度），犯罪率會下降。

黑幫動向是目前已知最重要的謀殺率預測指標。據估計，芝加哥共有七十五個黑道組織分布於不同社區，總人數將近七萬[16]，勢力相當龐大，但各幫派的勢力範圍時常變動，某個幫派也許會控制特定街區幾個月，之後由於毒品交易或犯罪活動的發展開始出現改變。警方原先從未有系統地監控這些勢力範圍變化，不同轄區的警察很少直接連絡，即使偶爾連絡了，也只是用無線電講說哪個幫派是在哪裡出沒，即使不同轄區需要正式合作，溝通起來也曠日廢時。偉斯說：「從過去至今，芝加哥警局都受穀倉所限，資訊在內部一層一層上下傳遞。如果我需要（某人）幫忙，要用公文經過一層一層把要求傳過去，然後再一層一層傳回來。」

然而，高斯坦開始盡量蒐集幫派勢力範圍的相關資料，運用一種稱為「時空呈現」的技術加以處理，集中傳進一個資料庫。偉斯說：「資料顯示，許多幫派衝突正由第七轄區移往第八轄區。高斯坦在圖上以顏色標明，看起來就像阿米巴變形蟲那樣。幫派之間為了爭奪販毒的地盤互相衝突，我們調出某天的資料，看著衝突區域愈來愈大。」接下來，高斯坦比對這份變形蟲圖示跟謀殺案紀錄，結果是兩者確實高度相關。

事實上，由於相關度甚高，如果你再加進氣溫變化等預測指標，你簡直能未卜先知。或者換個講法，即使你不知道大街上的實際狀況，光是觀看電腦螢幕上的幫派動向與即時犯罪資料，你能知道哪個區域在接下來幾天（甚至幾小時內）最可能有人喪命。

換言之，這份圖示不只能大致預測犯罪狀況，還能即時示警。高斯坦說：「能講說『這地方很危險』，固然不錯，但我們希望能預測說『這地方今晚會很危險』。」幕僚主任馬斯特斯則表示：「我們不想只是根據七天前的舊資料部署警力，而是檢視現在的資料本身（並做出預測）。舉氣象預報為例，氣象主播不會只看上週的天氣然後說：『好，我們建議各位觀眾在週二帶著雨衣，因為上週二有下雨。』」

二〇一〇年年初，偉斯準備展開一場實驗。偉斯請高斯坦開始啟用他的「衛星雲圖」

（或曰謀殺地圖），向員警預報犯罪地點。如果高斯坦知道哪裡可能出現暴力犯罪，行動維安隊能及早展開部屬，跟一般警力搭配合作。為了讓系統順利運作，高斯坦必須跟一般巡邏警力保持連繫，就像他在第十一轄區的員警弟兄之間也會互相連絡，所以他們建立一個「每日通訊兩次」制度，但高斯坦堅持這必須是雙向溝通，以便他盡量蒐集實際現場的所有資訊。他每天發布預報，然後以電話向員警詢問實際狀況，例如：特定幫派之間有為毒品起衝突嗎？有在搶女人嗎？他仔細研究拘捕紀錄，然後憑演算法預測暴力犯罪的出現地點。

在這之前，資訊是四處分散，但高斯坦一心統合所有資料，破除各轄區長年以來的隔閡，並把預測結果告知一般巡邏警力和行動維安隊。偉斯表示：「高斯坦會檢視資料，然後（打電話跟員警）說：『喂，要多加小心呀！因為這地區（的幫派）正發生衝突跟槍擊，他們想奪回地盤。』」

負責實際上路巡邏的員警聽到這新系統時多半抱持懷疑。短短幾個月內，偉斯讓高斯坦升任大隊長。大隊長通常只由在街頭賣命數十年的資深警官擔任，高斯坦為免招忌盡量不穿警服，還把頭銜從「大隊長」改為「主任」，但群情依然激憤，有些員警罵說這個實驗是「水晶球計畫」。偉斯說：「大家嫉妒成這樣真是很驚人。有些人家裡三代、四代或五代都從事警職，他們的祖父輩從沒用過電腦，所以他們根本不想改變。有些人對此表示歡迎，但多數人認為這根本是狗屁。」

偉斯與高斯坦試著把種種批評一笑置之，畢竟誠如馬斯特斯反覆說的那樣，警用無線電在一九六〇年代傳進芝加哥等地的時候，許多員警大為反感，懷疑上級會靠無線電監控他們，但幾年過後，大家不再抗拒，反而用得理所當然，幾乎沒人再討論無線電的優劣。偉斯說：「每當你要在大型組織裡實行新措施，總會引起眾人的反彈。這也（跟無線電）一樣，需要大家改變思維。」

到了二〇一〇年年底，高斯坦、馬斯特斯與偉斯感到興高采烈。他們的預報地圖不只能大致預估中程時間內的謀殺發生地點，還偶爾能預測短期發展。高斯坦回憶說：「有一天我們鎖定（可能發生謀殺案的）目標區域，把預報傳出去的一分鐘以後，我就收到槍擊案的確認通報。那起槍擊案就發生在其中一塊預測區域，真是太神奇了。電腦才列出（可能發生槍擊的）目標區域，結果六十秒後就有人遭到槍擊[17]！」更棒的是，謀殺率開始下降。

二〇一一年年初，芝加哥市府發布最新統計數據，二〇一〇年的謀殺率比二〇〇九年減少五%，創下一九六〇年代以來的新低紀錄。兩名地方義工眉飛色舞的說：「自從詹森總統（Lyndon B. Johnson）那年代以後，芝加哥的謀殺率不曾這麼低過[18]。」二〇一一年上旬，謀殺率更是迅速下降。長年以來，謀殺率是在夏季達到高峰，因為幫派都在上街活動。然而，二〇一一年夏季，謀殺率跌至一九六〇年代以來的新低。根據高斯坦的預報資料，全年的命案數目將低於四百件。偉斯表示：「把（四百）這個數字當作成功實在令人難過，但這確實是個里程碑。」

偉斯與高斯坦不知道這個改變有多大程度能歸功於他們的預報地圖，但實際佐證多不勝數。現在行動維安隊會預先到潛在凶案地點部署，結果確實阻止了一部分的凶案。偉斯用外人不清楚的警界術語說：「我是接到聯邦調查局特務主任的來電時，才明白我們成功了。對方說：我們用三號特線（亦即聯邦調查局的特殊專線）聽到黑道分子說：『城裡有了個全新的單位，他們是來真的，不是玩玩而已，離那四千四單位（亦即行動維安隊）遠一點！』我覺得這真是一句讚美，表示說（我們的計畫）非常成功。我們有優秀的員警，高斯坦則把他們派到正確的地點。」

資料交換平臺，打破隔閡

二〇一四年六月二十一日，高斯坦步入不惑之年。這是個別具象徵意義的歲數。先前在紐約世貿大樓倒塌那一天，高斯坦決定告別舒舒服服的科技公司員工身分，並試著想像四十歲時的自己。當時，四十歲還是難以想像的遙遠。他回憶說：「那時候我二十來歲，只是想說不要到了四十歲還在追逐金錢。」現在他四十歲了，他想著自己是否達成了當年的願望？答案很難說。二〇一四年的此刻，他早已離開當初那個計畫很久了。

二〇一一年，拉姆．伊曼紐爾（Rahm Emanuel）當選芝加哥市長不久後，偉斯宣布辭職，高斯坦和其他推動改革的同仁大感氣餒[19]。那時偉斯在芝加哥警局已很不受歡迎，局裡士氣低迷。偉斯是從外頭來的，還推行激進的改革，許多員警始終為此耿耿於懷，至於壓垮駱駝的最後一根稻草則跟一件陳年醜聞有關。芝加哥警局有一任大隊長名叫裘恩．伯吉（Jon Burge），他遭指控在一九七〇與一九八〇年代要求下屬對罪犯嚴刑逼供，因此一九九〇年代在爭議聲中離開警界，後來入獄服刑四年，照理說拿不到退休金，但警察退休金委員會在二〇一一年年初經過激烈辯論以後，決議讓他照領退休金。偉斯公然批評這項決議，許多警官聞言怒不可抑，認為他背叛了芝加哥警局[20]。

偉斯離開沒多久，伊曼紐爾詢問高斯坦是否願意離開警局，到市府擔任「資料長」（chief data officer，簡稱CDO），在市府核心複製先前的成果。高斯坦感到猶豫。他已厭倦警界內鬥，考慮改替民間的新創公司工作，返回他口中「T恤與牛仔褲」的生活，但另一方面，伊曼紐爾的邀約又讓他很心動，畢竟從來沒有哪個市府設有「資料長」一職。最後他選擇躍過界線，加入市府團隊，期望能展開更多實驗。跟多數市府一樣，芝加哥市府握有大量的市民相關數據，但都儲藏在許多不同穀倉裡，跟彭博市府半斤八兩。

高斯坦著手**把所有資料整合進單一個資料庫**，還從芝加哥的創業圈找自願者進來幫忙，稱呼他們為「阿宅團隊」，大家的工作風格跟市府員工截然不同，也跟任何政府組織大相逕庭。他們愛穿T恤，邊吃甜甜圈邊用筆電，在辦公室白板上畫著圖表，當白板不夠用以後，就拿簽字筆把程式碼與數學式隨手寫在市府的窗戶上。高斯坦回憶說：「市長經過時會以一種『這裡是在搞什麼鬼』的眼神看著我。」他們慢慢想出些計畫。經過一次跟谷歌合作的「黑客松」（hackathon，整晚腦力激盪的動腦馬拉松）以後，地方網頁開發者史考特．羅賓（Scott Robbin）設計出一個互動式地圖，供民眾查詢拖吊車輛的所在位置。

負責監督這個專案的市府官員黛妮兒．杜蜜勒（Danielle DuMerer）說：「大家碰到這種情況都會想問：『我的車在哪啊？』或『我要上哪裡找車？』對吧？我們一開始推出這項服務時，是每二十四小時更新一次資料，但後來變成每十五分鐘就更新一次。如果你的車子被拖吊了，你當然想現在就知道車子是在哪裡，不會想等到隔天才知道。」接下來，他們開發出一款街道清掃狀況的互動式地圖。最後高斯坦決定**把所有資料統整進一個巨型互動式地

圖，供芝加哥市民掌握城裡的動態，也供市府查看潛在的安全顧慮。

二〇一二年，北大西洋公約組織高峰會在芝加哥舉辦之際，這個名為「追風地圖」的互動平臺正式上線，大家緊張不安，尤其芝加哥市府網路正多次遭到駭客組織「匿名者」攻擊。幸好這個平臺安然度過風波，站穩腳步。高斯坦與杜蜜勒隨後設法憑這個平臺，跟其他市府單位展開合作。時間拉回二〇一一年，就在高斯坦離開芝加哥警局前夕，馬斯特斯也轉換跑道，負責掌管伊利諾州庫克郡的家園安全暨急難管理部。庫克郡面積遼闊，涵蓋芝加哥市的一部分，但過去數十年間，庫克郡政府與芝加哥市府鮮少合作，甚至時常互相競爭。高斯坦與馬斯特斯決定靠這個資料平臺交換資訊，設法打破隔閡。

舉個例子，芝加哥在二〇一三年夏季舉辦美食節，吸引超過四萬五千人參與，但就在活動開始之前，馬斯特斯的部門得知強烈暴風雨即將來襲。先前數十年間，相關單位很難迅速做出反應，原因是郡政府與市政府往往溝通不良，跟聯邦氣象預報單位更是缺乏交流，但這一回資料平臺發揮協調功能，疏散行動進行得異常順利。馬斯特斯說：「我們正在破除穀倉，而且我們體認到氣候現象會橫跨各地，所以資訊交流也該如此。行政區域劃分阻擋不了問題的擴散，也阻擋不了洪水與流感。」

然而，雖然高斯坦為「追風地圖」互動平臺的成果感到雀躍，但仍是謀殺預報地圖格外令他自豪。不過他在芝加哥警局掀起的革新並未如預期般持續下去。高斯坦和偉斯在二〇一一年離開芝加哥警局以後，預報地圖計畫並未妥善延續，一大原因是派系內鬥與預算刪減，還有一大原因源自芝加哥長年揮之不去的政治議題：種族議題。芝加哥警局高層多半是白種人，但預報地圖往往把犯罪地點鎖定在非裔或拉丁裔社區。高斯坦與偉斯嚴詞表示，預報系統絕無參考種族因素，只反映實際發生的謀殺案，並靠相關資料預測凶案可能發生的地點。可是在芝加哥這種城市，種族是一個敏感議題，即使有數據佐證也一樣（甚至有數據佐證反倒更糟）。

可嘆的是，預報地圖計畫才剛廢止，謀殺率立刻上升，偉斯不禁大感失望，後來憤恨表示：「截至八月底為止（也就是預報地圖計畫廢止之前），謀殺案比前一年同期少四十一件。夏末通常是發生最多謀殺案的時候，但那年案件數低得誇張。可是他們廢止了高斯坦的預報計畫，那一年的最後四個月他們對治安問題簡直束手無策。我有點不解的是，既然市長找高斯坦到市府去做跟他在警局裡幾乎一模一樣的角色，為什麼卻任由警局中止那個計畫，這真令人難過。」

高斯坦自己倒試著看開，他說畢竟那個實驗如同種下一顆種子，雖然在芝加哥沒有發芽茁壯，但在他離開芝加哥警局之後的那幾年，他看見這顆種子在更豐饒的土地抽芽生長。高斯坦與偉斯剛離開芝加哥警局之後，其他警局開始向他們詢問預報地圖的實行狀況。諷刺的是，就在芝加哥警局廢止預報地圖之際，其他警局已展開類似實驗。洛杉磯警局發展出類似的預報系統。田納西州曼菲斯市進行相同實驗，迅速成為這領域的專家。當倫敦在二〇一一年出現暴動，倫敦市警局也用這個技術對付當地幫派。到了二〇一四年，全球各地的警局紛紛請高斯坦與偉斯分享經驗。

二〇〇一年，高斯坦決定轉換跑道之際，他夢想著改變世界。如今，他踏入不惑之年，明白不必掀起驚人革命就能造成改變，光是靠想法移動幾吋就行。他在芝加哥的實驗也許並未改變警界，卻讓我們明白放膽跳脫心理舒適圈可以獲得何種成果。高斯坦說：「現在我沒有想要解決人世裡的大問題，而是樂於解決一大堆小問題。從小地方就能讓世界變得更好。」

高斯坦希望把這個概念傳出去。到了二〇一四年這時候，他已再次轉換職涯，揮別芝加哥市府，重返民間企業，但仍利用空閒時間在芝加哥大學研究城市科學，開課講授如何協助政府單位更有效的利用資料[21]，希望讓有些資工學生跳脫界線與穀倉。高斯坦遇到的多數資工學生夢想成為下一個臉書創辦人馬克·祖克柏（Mark Zuckerberg），進入光鮮亮麗的新創公司，壓根不想進政府單位，但高斯坦希望能打開他們的視野：「我們得讓更多理工學生進入政府單位，所以我試著叫他們考慮做點不一樣的事情。」

高斯坦的太太為了幫他慶生，決定請他的同事與朋友以電子郵件祝他生日快樂。出乎她意料的是共有五十九位老同事寄信過來，有些是芝加哥市府的老同事，有些是芝加哥警局的老同事，有些是線上餐廳訂位網站OpenTable的老同事，其中有一封來自羅德．嘉德納，也就是當年在第十一轄區負責帶他的長官，那個在警局地下室健身房偷偷把他拉到一邊的傢伙。

高斯坦說：「那封信寫說：『我以前總認為你是（聯邦調查局的）臥底，哈哈哈哈！』」他喜歡把這句話當成恭維，但這句話也稍稍證明人生有時能多麼出人意料，尤其當你願意跳出習以為常的小箱子的時候。

第6章

改寫社會規則：打開穀倉的大門

「我們不想淪為索尼第二或微軟第二，我們旁觀那類企業，並且引以為鑑。」

——某位臉書資深主管

喬瑟琳．高德菲（Jocelyn Goldfein）坐在帕羅奧圖市臉書總部一間簡陋的開放式辦公室裡，她感到一陣羞愧與恐懼，緊緊盯著電腦螢幕，腦裡冒出一句話：我怎麼會這麼蠢？

那時是二〇一〇年夏季。五週前，三十九歲的高德菲加入臉書公司這家迅速發展的社群網站巨擘，期盼替職業生涯寫下嶄新的一章。這個改變相當令她興奮。高德菲個性正經，留著亮麗棕髮，常露出掛著酒窩的笑容，在矽谷屬於少數人種：她從名校史丹佛大學取得電腦學位，在企業裡擔任高階主管。

高德菲加入臉書公司以前，在雲端技術公司 VMware 工作了七年，一開始是電腦工程師，喜歡寫程式，尤其愛「除蟲」（這是她愛講的資工術語，意思是處理程式碼裡的錯誤）。她表示：「我在前東家以『剋蟲女王』聞名！上班第一個月就除了一千隻蟲吧！」她在二〇一〇年離開 VMware 之前已晉升為工程部協理，負責帶領數百名技術人員[1]，這讓臉書等迅速擴張的新創公司都很想聘請她。雖然她對臉書這種組織龐雜的大型公司不太感興趣，但她跟臉書創辦人祖克柏碰面後想法變了[2]：「我跟祖克柏碰了面，發現他是我見過最令人印象深刻的創業家。雖然現在這樣說很老套，跟廢話沒兩樣，但他真的是很棒。」

二〇一〇年七月，她來到帕羅奧圖市的臉書總部，望著時髦的「倉庫」風格辦公室。不過事態發展出乎她的意料，她不是立即接下管理工作，而是要先上一個名為「新兵訓練營」

的新進員工訓練課程，時間長達六週[3]。這項安排很特別，尤其她又曾擔任過大型公司的工程部協理。然而所有臉書的新進人員都必須參加這個課程，無分年齡或職位，背後用意是讓每個新人都經歷一段共同的訓練過程，就像新兵接受入伍訓，或像高斯坦到芝加哥警察學校受訓。

所有新進員工都安排在一個房間裡，在一張桌子前並肩而坐，面對初學者等級的任務。高德菲彷彿被當成新手，接到一個很普通的任務，替系統修正五個程式錯誤。她感到躍躍欲試，畢竟這是她的專長。她跟多數電腦工程師一樣，從小喜歡解決各種問題，而一開始讓她有這方面興趣的是住在北加州的外婆。高德菲說：「外婆愛解邏輯益智遊戲，玩魔術方塊也是她的嗜好。她從小教我玩這些東西，後來我接觸電腦程式的時候，像是恍然大悟，覺得有異曲同工之妙[4]。」她開始修正那些程式錯誤，卻察覺不對勁，在這五個她該修正的程式錯誤當中，有三個看似根本沒有問題[5]。是什麼圈套嗎？她懷疑起來。接著她發現一個更簡單的解釋，那就是臉書成長迅速，內部工程師不斷更新程式碼，舊系統的部分程式不再用到，程式錯誤也就自然消失。

這有關係嗎？多數程式設計師會說沒關係。矽谷人喜歡替未來開發嶄新的產品，勝過替過去解決無趣的問題。可是高德菲喜歡讓她的世界井然有序[6]。她解釋說：「程式錯誤不是什麼有趣的議題，但如果你決心建構高品質的軟體，你必須了解那個軟體的狀態，而錯誤程式資料庫可以忠實反映軟體的狀態……（前提是）你確實對資料庫謹慎的加以維護。」

於是她坐在那裡，決心改善臉書的程式，方法是建立一個追蹤老舊程式錯誤的系統，把資料寄給當初負責的人員，再把程式錯誤給刪掉。她說：「臉書變動得很快，如果有的地方三個月沒人碰，顯然是跟其他地方沾不上邊了，所以（這個系統）會把程式錯誤的資料寄給每個相關人員，如果再三個月後仍沒人回覆……就自動刪除。」

她把這個程式稱為「任務收割機」，決定展開小型測試，但是災難發生了。她把程式打好以後，不小心按到複製貼上鍵，把這個程式連上整個臉書系統，結果這個程式在短短幾秒內發現一萬四千個舊程式錯誤，開始寄發數十萬封電子郵件給相關人員，臉書公司的電子郵件系統隨之停擺，系統網路中斷，人員傳訊系統故障[7]。全辦公室哀鴻遍野，她嚇壞了。像她這種新進人員竟然癱瘓公司裡的電腦系統，這實在是個嚴重失誤，她想必慘了。她表示：「我是個新人，大家對我一無所知，而且這錯誤的影響很大。銷售團隊無法連絡顧客，技術人員無法檢視程式碼。電子郵件有點算是臉書公司的生命線。」

然而，接下來發生另一件出乎意料的事情，其他臉書員工匆匆趕來了解狀況，但似乎比較好奇她想編寫任務收割機程式的原因，而不是開口責備她，也沒有抱怨說她干預到兩個既有部門，那就是資訊交換團隊與程式除錯團隊。她回憶說：「沒人說：『妳怎麼敢做這種事？』我本來以為大家會火冒三丈，但大家並沒有那樣，反而捲起袖子興致勃勃的幫忙解決這個問題。」

這跟她先前的經驗截然不同。其他大型公司的不同團隊通常習慣自我保護，彼此防備，激烈競爭，不歡迎外人插手干預自己的事。事實上，正是因為她在大型科技公司看盡許多內鬥，當初才很猶豫是否該進臉書公司。她討厭大型官僚體系，也討厭穀倉。

可是當她環顧臉書公司，卻發覺這裡不太一樣。**臉書公司不僅組織架構較為鬆散，如同牆上裝飾的塗鴉那般**[8]**，而且也不太受團隊內鬥與制度僵化所累，有別於其他競爭對手。拖累索尼的穀倉與官僚體系似乎並不存在於臉書公司**，至少她尚未發現。

這只是個幸運巧合嗎？當時她不清楚。不過這問題的答案跟本書的主題習習相關。在本書的第一部分，我說明穀倉有時如何拖累企業組織與社會團體，遮蓋掉風險和機會。第二章的索尼是一個典型例子，反映穀倉如何有害創新，索尼技術人員原本別具創意，後來卻深陷內鬥，自掃門前雪，不願合作或無法合作。然而，不只索尼或其他日本企業有這個問題，許多其他大企業同樣深受穀倉所害，曾經無比成功的大企業也無法倖免，甚至格外嚴重。微軟、通用汽車和瑞銀集團都是例子。

然而，相較於探討為什麼有些組織或個人會受穀倉拖累，更有趣的是探討為什麼有些組織或個人並未受害，不像索尼或瑞銀集團般面臨組織內鬥或狹隘視野？我們該如何避免這些弊病？在上一章裡，我提出一個個人層面的理由：有些人願意大膽跳脫自己狹隘的專業世界，結果往往能以有趣方式重構邊界。光是心理層面的旅行就有助擺脫穀倉桎梏，至少有助想像一個不同的生活、思考與分類方式。

不過儘管個人對抗穀倉的故事頗有意思，卻只涉及整個議題的一部分。另一個大問題是組織能否大規模的破除穀倉。高斯坦在芝加哥展開的那段旅程是否能在組織層面加以複製？就這方面而言，許多組織都能從臉書的做法獲得啟發，加以應用。臉書改變了世界各地人們的溝通與互動方式，協助大家重塑自己在各種團體與社群的人際及身分，但比較罕為人知的是，臉書公司內部也展開社群實驗，設法改變人員的互動方式。**先前臉書高層尤其花許多時間思考人員的心理地圖、互動架構與團隊活力，感到憂心忡忡，後來決定對抗逐漸形成的內部穀倉，以免步上索尼等企業的後塵**。

這些實驗才在初期階段，畢竟臉書公司只成立約莫十年。不過儘管實驗仍在進行，卻能提供有趣啟示。臉書高層為了設計這些實驗，先向社會科學領域取經，了解人際互動模式，再試著在公司裡實際應用。最重要的是，他們跟多數企業主的想法大相逕庭，選擇採取人類學家的慣用做法：**思考人員如何定義世界、分類環境與劃定界線**。布赫迪厄若在臉書上班一定會如魚得水。

不擅社交的電腦宅男，改變世界的交友模式

臉書公司目前已展開許多內部社群實驗，而這並不令人意外，畢竟從草創以來，臉書公司的成功祕訣就是結合電腦量化技術與軟性社群分析，從而準確擬定商業計畫。臉書高層不只著迷於電腦運算，而且著迷於人際規則，明白結合兩者就能挖出金礦。

臉書的創立故事如同一則傳奇。時間拉回到二〇〇三年下旬，當時馬克．祖克柏是哈佛大學的大二學生，主修心理學，開始想創立一個「臉會」（Facemash，後來改名為「臉書」）網站，供同學互相連繫[9]。祖克柏自己不是交際能手，卻著迷於這個點子，多數時間用來研究電腦與編寫程式。雖然他是個沒多擅長社交的宅男，卻對人際互動別具直覺，懂得善用大家的不安全感與交際需求。二〇〇三年冬季，他跨出一小步，跟幾個同學討論說要建立一個網站，列出所有哈佛學生與個人照片。

接下來，二〇〇四年二月，他跟大三學生愛德華多．薩韋林（Eduardo Saverin）創立臉書[10]。臉書迅速成長，開始在其他學校攻城掠地，隨後祖克柏選擇輟學，搬到西岸的帕羅奧圖市，租下一間簡陋小屋，跟一群狂熱工程師埋首工作。臉書出現爆炸性成長，到了同年九月，臉書推出早期的一大重要功能：「塗鴉牆」，供用戶在個人頁面寫下趣聞或想法。臉書的用戶不再僅限於大學生，還擴及高中生與企業員工[11]。

接下來，傳奇創業家西恩．帕克（Sean Parker）向彼得．提爾（Peter Thiel）與創投公司 **Accel Partners** 等尋求資金[12]。臉書陸續推出經典功能：「動態消息」（把朋友的動態全顯示於單一頁面）；「平臺」（供外部程式設計人員開發照片分享、測驗與遊戲等工具）；「訊息」（供用戶彼此交談）；「按讚」（供用戶對貼文表示贊同）。臉書勢如破竹，愈來愈廣受歡迎。二〇〇七年夏季，臉書以二億四千萬美元的價格把一．六%的股份賣給微軟，雙方展開廣告合作。隔年，臉書聘請曾任谷歌高層與華府要員的雪柔．桑德伯格（Sheryl Sandberg）擔任營運長。二〇〇九年六月，臉書取得另一個重大成就：擠下 Myspace，成為全球最受歡迎的社群網站。

綜觀臉書迅速成長的過程，驚人的不只是用戶數目激增，還有臉書是如何改變人際互動的模式。臉書一飛衝天之際，原本素昧平生的人可以在線上彼此分享經驗、新聞與想法，失聯已久的老友恢復連絡，大家能發起追思活動，能宣布自己喜獲麟兒，也能徵才與求職。臉書讓用戶在網路世界「相聚」，仿效現實世界的互動方式。大家能撞見新朋友與新想法，也能跟熟悉的友人密切連絡。社群網站既供大家打開社交圈，也供大家躲進自己喜歡的小圈圈（或曰「線上部落」）。

多數臉書用戶從未想過這種「群聚」與「碰撞」底下的人際結構模式，只想跟「朋友」交流。可是祖克柏與臉書員工不然，他們從分析的角度出發，檢視真實世界與網路世界錯綜複雜的人際網絡，不只看見一種溫暖的新式人際情感，也看見底下的人際連繫模式。當人類學家、心理學家與社會學家以非定量方式分析人際互動，臉書技術人員則投入近來蓬勃發展的數據分析，試圖靠數學方法探究人際互動，認為人際網絡如同電腦螢幕元件或數學分析模型般可以徹底分析。高德菲說：「我們大多不是讀人類學出身，而是受電腦科學訓練，但我們對人際關係的互動、運作與交流很感興趣。電腦科學訓練讓我們傾向於把實際組織問題想成一個圖形，觀察系統、節點與連接狀況。當你從這個角度看世界，你能得到很有意思的發現。」

團體超過一百五十人，就會分裂

二〇〇八年夏季，臉書悄悄跨過一個小里程碑，臉書高層發覺公司的規模擴張得非常迅速，如今已僱用超過一百五十名電腦工程師[13]。外頭沒人知道臉書的工程師人數突破這個數目，大概也沒人在乎，畢竟所有成功的矽谷新創公司都會迅速擴大規模。比方說，高德菲在雲端技術公司 VMware 工作的短短七年之間，公司人數就從幾百人暴增為一萬人。迅速成長是榮譽的象徵。

然而，臉書高層對工程師人數突破一百五十名一事感到不安。原因出在「鄧巴數字」（Dunbar's number），這是由英國演化心理學家暨人類學家羅賓．鄧巴（Robin Dunbar）所提出的，他在一九九〇年代以靈長類為研究對象，發覺社群的合理大小跟人類和猿猴的大腦尺寸有關[14]。如果大腦較小（例如：猿猴），則有意義的社會關係數目有限（約為數十個）；如果大腦較大（例如：人類），則能建立更龐大的社群網絡。鄧巴指出，人類是靠「社交梳理常規」（social grooming），建立緊密關係。猿猴靠互相幫忙梳理毛髮與挑掉蝨卵來建立關係，人類則在一起工作或生活時，靠笑容、音樂、閒聊、舞蹈與其他日常儀式性互動來建立情誼。

鄧巴表示，人類團體的適宜人數上限為一百五十人，因為人類靠社交梳理常規互相建立密切關係時，大腦最多只能處理這個數目。當團體人數超過這個上限，成員就無法靠面對面接觸與社交梳理常規來維繫關係，開始需要各類階級制度或管理結構。由於這個緣故，**舉凡狩獵採集部落、羅馬軍部隊、新石器村落或哈特教派信徒聚落都多半少於一百五十人，一旦超過則往往陷入分裂**。

在現代社會，**一百五十人以下的團體往往更有效率**，而我們似乎憑直覺就知道是這樣，例如：大學兄弟會往往低於這個人數，多數公司部門也低於這個上限。鄧巴還研究英國人在一九九〇年代初期如何交換聖誕卡，他認為那時還沒有臉書等平臺，而聖誕卡是界定朋友圈的理想方法。根據研究結果，如果計算一個人寄出的卡片，所有收到卡片的家庭的人數總和平均為一百五十三人[15]。鄧巴寫道：「這個（一百五十）上限跟大腦新皮質的大小有直接關連，團體大小也取決於此。這個新皮質處理能力的處理上限，正是維持穩定人際關係的人數上限[16]。」

學界對鄧巴的論點莫衷一是。自從他提出這項突破性研究以後，其他人類學家、神經科學家與生物學家也投入研究，有些研究結果指出團體人數的適宜上限應為三百人。不過祖克柏與其他臉書元老仍認同鄧巴的論點，最後還請他提供諮詢建議。起初他們著重商業角度，想知道每位臉書用戶可能有多少位朋友，以便設計相應的系統，但他們跟鄧巴談過之後，發現鄧巴數字的原理不只能用來設計適合**外部**用戶的系統，還能用來促進**內部**人員的交流。在祖克柏草創臉書公司的初期，大家是一起工作，有些甚至一起住，彼此知之甚詳，還培養出共同喜好，例如：一起叫當地某間中國餐廳的外送餐點。然而，公司規模擴大以後，這種團隊精神就難以為繼了。

臉書不是面臨這個問題的唯一公司，所有成功的新創科技公司都同病相憐。放眼矽谷的歷史，迅速擴張的公司大多碰到這個嚴重問題。一開始是靈活自由的小公司，後來大獲成功，企業組織變得龐大，逐漸充斥內鬥與穀倉。索尼是一例，全錄公司也是一例，至於臉書技術人員格外關注的例子則是微軟，這家總部位於西雅圖的科技巨擘起初充滿活力與創意，卻從二十一世紀開始飽受穀倉所累，雖然不像索尼那麼嚴重，仍不免喪失部分競爭力。

那麼有辦法避免這種命運嗎？臉書高層決心試一試。某位臉書資深主管表示：「我們不想淪為索尼第二或微軟第二，我們旁觀那類企業，並且引以為鑑。」他們開始腦力激盪，設法對抗穀倉桎梏。二〇〇八年夏季，安德魯．博斯沃斯（Andrew Bosworth）提出一個創新點子[17]。博斯沃斯是臉書創始元老，壯碩魁梧，頭頂光禿，身上有刺青，工程背景出身，在同事間的外號是「小博」（臉書人員愛互取綽號，這是他們社交梳理常規的一部分）。

新兵訓練營能建立穀倉也能破除穀倉

前幾個月裡，小博在構思新進員工訓練計畫，目標是確保新進人員跟既有人員對程式碼有相同認知，並分派到最能發揮所長的合適團隊，因此他想出一套訓練課程，藉此讓新進人員了解臉書公司並吸收程式相關重點。不過小博隨後發現這個課程不僅能灌輸技術知識，還能促進人員情誼，畢竟如果你讓所有新進人員分成小組並接受一套共同訓練，就能促進他們之間的社交梳理與人際連繫，雖然他們之後必然打散進不同團隊，彼此的情誼仍能持續下去，那是一種互以綽號相稱的密切情誼。

那年夏季，臉書宣布所有新進人員無論資深或資淺都得上六週的訓練課程，小博則擔任「魔鬼教官」。小博在臉書發文向員工解釋說：「新兵訓練營的主要目標是讓新進人員不僅迅速了解我們的程式系統，還能建立長遠有益的好習慣，像是大膽處理程式錯誤，不要留給別人來弄。少數資深工程師輪流擔任導師，定期跟新進人員會面，教他們如何工作得更有效率，檢視他們寫的程式碼，甚至訂立輔導討論時間，供他們提出原本不好意思問的基本問題。

「資深工程師也負責技術講座，主題涵蓋我們在用的各類技術，包括 MySQL、

Memcached、CSS與JavaScript[18]。」小博還指出訓練過程有個重要部分，那就是讓新進人員在不同部門輪調，藉此了解整間公司。他說：「我們不是憑面試時的少許互動驟下判斷，直接把新進人員分進特定團隊。新進人員是在新兵訓練營那六週結束以後，再選擇想加入的團隊。」

然而，新進人員不只需要學習MySQL等技術。小博說：「在新兵訓練營裡，新進人員會跟約莫同期加入的其他人員建立起感情，即使之後隸屬不同團隊，這份情誼依然會在。」或者換個方式講，臉書高層想透過新兵訓練營達成的不是一件事，而是**兩件事**。第一，他們把公司人員分為不同的專案團隊，各自專門負責特定任務。這種安排實屬必要，畢竟編寫程式需要針對特定專案進行密切的團隊合作。穀倉是臉書這類公司的必要之惡，如果沒有專業部門和團隊，根本無法完成工作，也難以集中火力與區分權責。

不過新兵訓練營還有另一個目標，那就是讓不同專案團隊的成員之間私底下有**第二套**人際關係，不受正式的部門區分所限，高層希望藉此避免專案團隊變得僵化與封閉，讓人員不只對所屬團隊有感情，也對整個公司有向心力。小博說：「新兵訓練營（能促進）跨團隊交流，避免穀倉的形成，讓我們免於許多科技公司在擴張階段的弊病。」臉書既建立穀倉，也設法從制度面破除穀倉。

不斷改良自己，才能在市場生存

二〇一〇年秋季，高德菲從新兵訓練營畢業[19]，負責帶領「動態消息」專案的小團隊。這個功能出現於二〇〇六年，供用戶看到朋友的「消息」（或稱為貼文），各則消息按時間順序排列[20]。到了二〇一〇年，這項功能廣受歡迎，從商業角度來看沒有更新的必要。然而臉書跟蘋果等科技公司有一個相同的核心理念，那就是必須不斷改良自己最成功的商品，才能在市場存活下去。高德菲說：「如果我們不挑戰自己，別人就會來挑戰我們[21]。」

高德菲的團隊決定放膽改善動態消息功能。動態消息涉及複雜的電腦運算，靠一套演算法替各用戶自動挑選最重要的消息，並以容易瀏覽的方式呈現。起初臉書會列出所有消息，按時間先後排列，呈現在用戶的電腦螢幕上。當時臉書只是個小網站，用戶收到的消息或貼文不多，這套做法實行得宜。到了二〇一〇年，臉書已大幅擴張，用戶簡直遭無數消息吞沒，重要消息（或照臉書人員的講法是「生活大事」）被瑣碎小事掩蓋，例如：系統可能把友人死訊跟貓咪照片當作一樣重要，如果有朋友貼出數百張貓咪照片，用戶實在很難看到那則死訊。

高德菲的團隊決心讓演算法更敏感，更能妥善評定資訊的重要程度。這很困難，團隊成員必須花大量時間坐在鍵盤前，拓展程式碼的極限，或者如同印度的一則報導所言：「若說（改進動態消息）這項任務是在開拓電腦科學的邊界可一點也不為過，其中涉及臉書用戶行為的大量資料，需靠人工智慧加以處理。」起初他們根據主題替消息做分類。接著他們試著把動態消息當成一份報紙，生活大事置於最上方。可是這些做法並未奏效。高德菲說：「我們只要一到兩週就可以（替程式碼）做點變動，但（臉書平臺）一個主題測試是為時五週，在四或五個月裡進行三個重大主題測試。」

接下來，他們嘗試「巨岩原型演算法」，把重要貼文標記為「巨岩」，相關消息標記為「小石」，結果這個系統表現得較好。高德菲說：「如果你有一週沒登入臉書，那當你再次登入以後，你會看到登出期間的重要貼文。（但）如果你常逛臉書，就能看到不同的消息。這樣很不賴，你可以先看到最重要的貼文，缺點是好像有人替你做主一樣[22]。」

數月過去，整支團隊在電腦前埋首工作，集思廣益，成員間變得愈來愈緊密，高德菲甚至時常感覺自己是在新創公司工作。這是刻意的安排：祖克柏與其他臉書高層希望個別團隊能盡量自由腦力激盪，加以實際測試，自行迅速想出創新點子。他們認為各團隊要獨立自主，臉書公司才能迅速發展。然而，儘管各專案團隊簡直如同一家家新創公司，臉書高層也不斷設法把他們拉回更大的團隊裡。高德菲每週會跟其他資深工程師會面，說明團隊進展。

她表示：「我們是以馬克（・祖克柏）為中心來行動，我們每週跟他會面一次，說明我們在做什麼[23]。」

在聯誼活動的名義下，新生訓練營的同期夥伴也常碰面，好好交流想法與情報。高德菲說：「當初臉書實施新生訓練營是想解決一個相當不同的問題，那就是讓新進人員更能自由選擇之後想待的團隊，但這種做法恰好非常有助破除穀倉。大家在每個穀倉都至少認識一個人，這是讓全公司妥善運作的一大關鍵[24]。」

臉書的黑客月，不求效率，反而更有創意

高德菲也會讓團隊成員大洗牌，方法是實施臉書的另一項傳統——黑客月（Hackamonth）。「黑客月」源自新生訓練營的點子，臉書首席工程師麥可・斯克洛普夫（Michael Schroepfer）說：「黑客月基本上是新生訓練營的第二部分，是個輪調計畫。」斯克洛普夫瘦削結實，公司同仁都叫他「阿斯」。

阿斯指出：「如果你同一個案子已經做了十二到十八個月了，我們會拍拍你的肩膀，叫

你接下來幾個月去做另一個案子！多數同仁最後會選擇做跟原本天差地別的案子[25]。」跟新生訓練營的點子一樣，黑客月的誕生有部分是出於意外，有部分是出於實驗結果。當初阿斯與小博推行黑客月是為了讓員工對工作更有衝勁。矽谷的科技公司成長相當迅速，工程師感到無聊以後有可能會跳槽到敵對公司。阿斯說：「如果能主動選擇自己要做什麼，往往能做得更好。熱情有助提升表現，足以抵消一切負面條件[26]。」

然而黑客月開始實施以後，顯然也具有破除穀倉的功用。人員流動有助防止各團隊日漸封閉。臉書高層決定擴大實施黑客月。自草創以來，臉書喜歡不斷展開各類實驗，一小步、一小步的測試，再把管用的做法發揚光大，這般反覆進行，在內部管理方面如此（例如：黑客月），在程式編寫方面亦然。阿斯說：「我們的人員在黑客月結束後，有一半會決定換到新團隊，有一半則選擇留在舊單位，但換或不換對我們都是好事。」

黑客月系統有個大缺點。替想換團隊的人員找新地方很耗時，替他們的舊職位補人也同樣費事，而且必然造成職務的重複，甚至人力的浪費。阿斯說：「這些統統既辛苦又沒效率。有時候你的團隊會少二或三個人，一個在參加黑客月，一個在請產假，諸如此類。把人員分進各個團隊並叫他們好好待在那裡實在簡單得多[27]。」不過他認為黑客月能促進人員的交流與互動，可謂瑕不掩瑜，況且一大關鍵是人員需要適時放鬆，不強求效率，才更能發揮創意，有時間維繫情誼。

因此高德菲投入動態消息專案的幾個月後，把其中一個重要下屬輪調到另一個負責「動態時報」的團隊。起初這看似是動態消息團隊的損失，畢竟巨岩原型演算法仍有待改進，但後來她發覺輪調也有好處，不同團隊可以開始交換點子。高德菲說：「動態時報團隊的許多程式碼都出自我們團隊，我們希望（藉由讓那個人員輪調出去）能促進交流溝通。結果我們確實獲益匪淺……公司裡沒人能每天掌握其他不同團隊在做什麼，但重點是讓眾多的人員與資訊得以交流，無論用哪種方法都行。」

「黑克松」鬆動階級，破除各團隊的界線

二〇一一年十二月，也就是高德菲進入臉書公司的第十八個月後，她跟其他同仁從帕羅奧圖市搬到鄰近的門洛帕克市，開始在全新的總部大樓裡工作[28]。那時臉書的員工總數已突破二千位[29]，遠超過鄧巴數字。可是在規模膨脹之際，社群實驗也跟了上來。臉書高層一心善用任何想像得到的社群工具，不僅打造專責的專案團隊，而且避免各團隊淪為互相競爭的

穀倉。總部建築本身是一項武器。這地方原本屬於昇陽電腦，入口門牌後方仍貼著昇陽的標誌。昇陽也是科技巨擘，先前在矽谷呼風喚雨數十載，最初是靈活自由的新創公司，後來卻成為拘束笨重的企業巨獸，深受穀倉所害。這裡的正式地址是委羅路一六〇一號，先前昇陽的員工分散於數棟建築，各建築裡又劃分為眾多辦公室與小隔間。先前替昇陽工作的阿斯笑著說：「根本像是牛舍嘛！大家之間很少交流。」臉書買下這裡以後，祖克柏把路名改為「黑客一路」①，新門牌改為藍色，上面有一個拇指朝上的白色大手，也就是臉書平臺的「讚」符號。他們拆除多數隔間，加上白板、明管裝飾與牆面彩繪，雖然有會議室，卻採用玻璃牆，從外面一覽無遺，甚至連祖克柏都在開放空間辦公，人人看得到他，至於營運長桑德伯格也跟他一樣。祖克柏另有一個「私人」辦公室，但也是採用玻璃牆，而且位於大樓的中間，旁邊就是一條所有員工時常走來走去的走廊，窗戶上掛著「請勿餵食」的牌子，阿斯笑說：「我們把那邊稱為馬克的金魚缸！大家都看得到他。」

阿斯繼續推動改造計畫。他請建築師用數座空橋連接不同大樓的高樓層，漆成舊金山知名地標金門大橋的那種橘紅色，空橋兩端採用超級市場式的自動門，任何人走過就自動開啟，目標是確保大家四處走動時不必停下腳步。他解釋說：「所有研究都說，如果你能讓大家時常走動跟碰頭，人員互動會大幅增加。」建築之間的空間改成宜人的「散步區」，鼓勵員工一起出來享受加州舒適的天氣，整個園區的正中央是一處開放式廣場，名為「黑客廣場」，祖克柏每年在這裡舉辦數場「全體同樂會」。此外，他每週五也在寬敞的自助餐廳舉辦員工會議（臉書員工喜歡稱之為「問答時間」），有時員工會拿出人意料的問題問他，有時這項活動顯得像是例行公事，但無論如何，背後的象徵意義一清二楚，臉書高層決心向員工證明整個公司是一體的，人人都能靈活自由的彼此激盪，也應該多加激盪。

黑客廣場也會舉辦另一項社群實驗，那就是「黑客松」。大約每隔六週，數百名員工會先聚在黑客廣場，圍著一個黃色起重機的部分機體，接著移師一間大會議室，那裡採取亮橘色牆面，牆上貼著許多啟發人心的海報[30]。他們在那裡分成小組，徹夜解決程式問題，背後用意是大家一起測試點子，或者照程式設計師的用語是一起「當黑客」。這樣擠在狹小空間徹夜合力工作是激發創意的絕佳方式。

黑客松活動不只臉書有，也盛行於科技業界。比方說，高斯坦就在芝加哥市府舉辦黑客松，設法開發市府所需的程式。不過臉書的黑客松不太一樣。當初只要有幾個工程師跟朋友與團隊成員圍住一部筆電就算展開黑客松，例如：早期祖克柏讓幾位創始元老在他家工作，

---

① hacker是指電腦程式高手，或譯為「駭客」。

大家一起徹夜腦力激盪。不過隨著時間過去，如今臉書高層要求黑客松參加者必須跟平時屬於不同團隊的同仁組隊，處理跟日常工作不同領域的問題。部分人員會在黑客松活動的幾天前先邀約組隊，對特定主題有興趣的員工也可能特別組隊，其他人員則幾乎堪稱隨機組隊。哪種組隊方式無關緊要。總之，黑客松如同新生訓練營與黑客月，旨在破除各團隊平時的界線，確保專案團隊不致僵化為封閉的穀倉。

在高德菲加入臉書公司不久之後，她靠黑客松替臉書加上「姻親」與「繼養」這兩個關係選項。這跟她負責的動態消息專案完全無關，卻是她打心底想實現的功能：「我跟我老公的媽媽非常要好，我不想只是叫她『婆婆』，但不管怎樣，當我進入臉書公司以後，我開始會看臉書，結果發現雖然有『家庭成員』一欄，裡面卻沒有『姻親』這個選項。這是不對的，所以我靠黑客松來設法解決。」或者如同多次舉辦黑客松的印度裔工程師佩卓・肯亞尼（Pedram Keyani）所言：「黑客松的重點就是讓階級鬆動。我們破除掉穀倉，至少暫時如此，然後大家開始集思廣益。」

臉書促進水平溝通，在不同層面建立深層關係

臉書高層用來對抗穀倉的另一個工具是臉書平臺本身。從公司成立的一開始，他們就知道臉書的一項優點是促進水平溝通，避免僵化的垂直溝通。當有人貼出一則動態，大家都看得到。這不同於許多大公司依賴電子郵件的溝通模式，因為電子郵件通常是一層一層的往上傳或往下傳，資訊可能阻塞在某處。

臉書高層也逐漸發現臉書平臺的第二個好處，即員工在許多不同層面能彼此建立更深的關係。他們相信這是對抗穀倉的另一個重要武器。阿斯說：「我們有教主管一個做法，那就是他們必須嚴格要求大家提起別人時要用名字，真正的名字。如果我們碰到誰用不把人當人看的叫法就出面制止。我們從來不准員工說『第六團隊的那群笨蛋』或『那些負責行銷的腦殘』，這樣是在貶低別人。如果你這樣叫人，你可就麻煩大了。」

臉書高層希望臉書平臺能有助達成這個目標，因此要求主管用個人臉書發動態，跟同仁分享想法、資訊與生活點滴。有些主管不喜歡這樣。高德菲坦承：「我天生是個害羞內向的人，在進來這邊之前不常發文，還滿拘謹的。」但在她進入臉書公司不久後，她屈服於壓力，開始貼文給同仁看。她的第一則貼文很官方：「大家看過最糟的程式錯誤是什麼？你們

能推薦一個在ＯＳＸ作業系統上比 Adium 更好的ＩＲＣ即時通訊客戶端嗎[31]？」

接著高德菲逐漸敞開心房，第五則貼文是說：「嗨，各位訂戶好！我在臉書負責改良核心功能，例如：動態消息、照片和搜尋，先前任職於 VMware 的桌上型產品技術部門。我很想鼓勵更多女性投入技術領域，在電腦公司力爭上游。我沒有嗜好，只有小孩，而讀科幻小說和看青春音樂劇《歡樂合唱團》是我不為人知的小娛樂[32]。」

一週週過去，高德菲開始分享更多私底下的事情：「我有時在不同的奇怪時間通勤，路上看到些新鮮事情，有誰知道能用哪個手機應用程式來記錄嗎？最好是有跟臉書結合的[33]？」她貼出最愛的瑪德蓮小蛋糕食譜。

另一次，她說出一個念念不忘的議題，那就是資工領域的性別失衡現象：「舉美國大學入學考試ＳＡＴ為例，在一九七〇年代數學滿分的男女學生比例為十三比一，現在則是三比一，而且還在拉近當中（至於平均成績已不相上下）。現在還有人認為兩性的數學成績差異是天生的嗎？如果你這樣認為，讓我來告訴你物種演化的速度有多慢[34]。」

她支持那些試圖打破性別刻板印象的影視作品：「《勇敢傳說》是我看過第一部沒讓女主角媽媽失蹤或當壞人的迪士尼公主電影，而且還發揮了提升女權的作用。在此祈禱世界能因而變得更好[35]。」她到華盛頓參加遊說活動時也發文詳加分享：「能見到美國太空總署太空人暨空軍上校的凱蒂・科爾曼（Cady Coleman），真是太酷了。我想當太空人的夢想在中學破滅了，但絕對從很早就受美國太空總署與莎莉・萊德（Sally Ride）和克莉絲妲・麥考利夫（Christa McAuliffe）這兩位女性太空人激勵，使我對數學與科學更感興趣[36]。」

高德菲有時擔心自己透露太多私事，卻逐漸發覺這有益於她與同仁的關係：「每次我跨出舒適圈，多透露些事情，我都覺得很值得。我因此在公司裡認識更多人，獲得持續的正面回饋。」她不是唯一這麼想的人。二○一二年期間，祖克柏一改低調作風，開始發文詳細敘述他的結婚典禮、自家後院與日常生活，雖然仍帶有企業宣傳成分。他有一則動態是說：「住在我們臉書園區的那些狐狸真令人驚嘆[37]。」另一則是說：「今天我替自己更新了烤肉應用程式 iGrill，這個應用程式現在有跟臉書整合，讓你知道全球各地的人正在烤什麼東西。讚啦！我現在要烤佛雷德牛排啦[38]！」

營運長桑德柏格會張貼臉書相關資訊，還有宣傳她的著作《挺身而進》（*Lean In*），那本書鼓勵女性對自己的職涯負起更多責任。阿斯會跟其他工程師分享各種提升工作效率的訣竅：「專注。專注。專注。臉書的工程師都很常聽我提起『專注』這兩個字。串起各項計畫！週三勿開會。照顧健康是一場馬拉松而非短跑：好好運動，好好睡覺，工作將更有效率[39]。」

接著他透露個人成功祕訣：「第一，清除螢幕上的所有視覺干擾，一次只專心用一個應用程式，像 FocusMask 在這方面就很好用。第二，設定專心時間與休息時間。我在專心時間會用一個簡單的計時器，避免偶然分心。第三，我會用大大的頭戴式耳機擋住聲音，並告訴大家暫時別打擾我。我喜歡沒有歌詞的純音樂，至於要聽魔怪樂團或古典樂則取決於心情。哪種音樂對你管用呢？」

較資深的人員也會發動態分享想法。二〇一三年春季，一位名叫雷恩・派特森（Ryan Patterson）的工程師發文跟同仁說：「從這週開始是我待在臉書公司的第四年。」依照臉書公司的標準，他堪稱老鳥了，所以他決定向新進人員提出幾點建議：「程式設計師要有良師益友，才更能充分探索問題的邊界，找出更好的解法……我不只是在講寫程式，也是在講公司裡的人際互動……你該把整間公司當成自己的。隨機找些幾個月沒共事過的同仁，跟對方迅速聊一聊，往往能獲得新穎的洞見[40]。」

讓底下的聲音往上傳遞

二〇一三年的一個夏夜傍晚，數百名年輕男女穿著運動鞋、牛仔褲與T恤，圍繞著黑客廣場的那個起重機部分機體。夕陽正沒入地平線，冷藍天幕懸著粉紅雲絮。一位男子踩著高蹺穿過廣場。另一位男子揮舞著舊式音箱，大聲放著舞曲。第三位男子有留鬍子，戴著藍色面具，披著靛青色的蘇洛式斗篷，跳到起重機的底座上。

臉書人員幾年前在另一處辦公地點偶然發現這塊起重機部分機體，感到很喜歡，之後會聚在一旁開會，也會在上頭添加裝飾，當臉書公司搬來門洛帕克市的新園區，大家堅持這塊機體也一併搬來，既當作儀式布景，也象徵過往歷程。臉書公司才不過十歲而已，但已有許多傳統慣例，流傳著許多早期傳說。這種模式在布朗尼斯勞・馬林諾斯基等人類學家的眼中必定十分熟悉。

如前所述，波蘭人類學家馬林諾斯基在一九三〇年代研究特羅布里恩人，率先提出「參與式觀察」的概念。臉書的各類儀式正如特羅布里恩群島的庫拉儀式，具有一項重要功能：藉由建立共同的身分認同，達到凝聚眾人的社會功效。

「朋友們，臉友們，黑客們！大家把耳朵借給我！」斗篷男大聲呼喊。大家立刻安靜下來。這次黑客松活動名義上的主辦人佩卓・肯亞尼往前跨出一步，身穿運動牛仔褲與橄欖綠T恤的他大喊：「大家都知道活動形式吧！如果你們凌晨五點還在這裡的話，會有早餐可以吃喔！另外還有中華料理喔！」大家再度笑了。黑客松一向從起重機部分機體這邊展開，接著大家移駕會議室，在午夜時分能吃到跟當年一模一樣的中華料理。祖克柏十年前創立臉書之際，就會訂這家中國餐廳的外送食物。到了二〇一三年，由於黑客一路離這家餐廳非常遠，叫外送不再方便，但沒人想改找別家餐廳，以免打破這項悠久傳統。

肯亞尼向群眾大喊：「有誰沒參加過黑客松嗎？」有些人揮手示意。肯亞尼接著說：「很好！這裡唯一的規則就是：好好享受，好好打成一片，玩得開開心心！只要記得我們的黑客松非常與眾不同就好。大家開始享受吧！開始玩程式吧！」這時穿著連帽外套的大家一哄而散，一群一群走向大會議室，那裡貼著啟發人心的口號：**迅速行動，勇於突破！實行更勝完美！撇開恐懼，你會怎麼做？**臉書營運長桑德伯格表示：「海報是傳遞我們企業文化很重要的一環。我們開會時，有人會把諸如『做出好決策』這類口號引述給別人聽，我們就是這種公司。很多我們內部文化的點子一開始是由馬克所提出，但我們是個很緊密的團體，**你不能從高層強迫施行下去，也要讓底下的聲音往上傳遞。**」

愈成功，就愈要時常檢視自己

這些做法能移植到其他公司嗎？桑德伯格與其他主管有時會這樣自問。到了二〇一三年，許多矽谷公司把臉書的做法加以修改，用來對付穀倉。谷歌和蘋果公司有黑客松與輪調制度。替新進人員舉辦共同訓練課程的點子風靡一時。藉由辦公建築本身讓人員互相激盪與合作的做法廣為流傳，在科技產業如此，在其他產業亦然，製造業巨擘3M靠研發實驗室讓不同團隊的人員攜手合作，谷歌也以創新設施促使人員互相激盪。

許多其他企業靠社群網站促進人員的溝通交流。英國知名企業聯合利華採用雲端運算公司Salesforce所開發的企業內部社群平臺，促進全公司的水平溝通。這個系統稱為「狂聊平臺」（Chatter），最初是供管理高層向每個人發布消息，但後來聯合利華的高層發現這也能用來破除內部穀倉。聯合利華技術長金姆．柯瑞利（Kim Crilly）說：「狂聊平臺讓我們在世界各地的團隊能互相連絡，分享點子、新產品與最新的市場變化，盡量避免在各市場重複做白工。」

不過**臉書高層的特別之處，在於他們時常回過頭來檢視自己，並反覆嘗試新的社群實驗**。當初他們以程式技術分析社群關係，建立成功的企業帝國，如今他們依然對人際互動充滿無窮興趣。阿斯坦承：「我原本很少去想人際來往的事情，覺得這不重要。可是我進入臉書公司以後，發覺這其實無比重要。我真是經歷了一個大轉變！現在我時時刻刻都在想這件事。」

臉書高層有另一個必須時常自省的理由，那就是他們知道周圍有許多競爭對手正虎視眈眈。許多小型新創公司很想挑戰臉書，而且科技發展簡直日新月異。祖克柏在二十一世紀初創立臉書時，是針對桌上型電腦與個人電腦螢幕，日後臉書在這塊領域無比成功，結果並未迅速順應行動技術，誤以為只要把網頁版直接改成手機版就行，沒想到實行起來並不順利。高德菲在二〇一四年春季坦承：「很多紀錄都指出我們（當初）在手機這一塊做得不好。坦白講，是做得很糟。我是在二〇一〇年的夏天進入臉書公司，那時行動部門好像只有四個成員，而且是窩在地下室裡。（針對網頁版）有動態消息團隊，有訊息團隊，有相片團隊……總計有一百到兩百個技術人員在開發這些功能，卻只有一支那麼小的團隊負責把所有功能搬到 iOS 系統上。然後我不會講我們是怎麼對待安卓系統的，因為講出來實在太丟人了[41]。」

祖克柏與其他人終於發現自己錯得離譜，連忙亡羊補牢。臉書買下照片分享平臺Instagram，也買下其他行動技術公司[42]。高德菲和同仁四處輪調，投入行動技術而非網頁技術。高德菲說：「我們學到要先從（行動）平臺出發，做出最適合的應用程式，成果甚至好到能運用至網頁版，而不是先從網頁版著手，再運用至手機版。」到了二〇一四年，這種策略轉換奏效了。手機版臉書開始風行，臉書不只從傳統的電腦平臺獲得廣告收益，也從行動平臺獲得廣告收益。根據臉書公布的資料，臉書在二〇一四年度的營收大幅增加為一百二十四億七千萬美元，比前一年高出五七％，主要歸功於行動廣告量大增[43]。

但臉書公司裡沒人感到驕傲自滿。臉書公司愈龐大跟成功，他們愈擔心小型新創公司的威脅。臉書在二〇一三年下旬首次公開募股，估計市值為一千億美元，但他們的擔憂程度似乎不降反升。高德菲說：「我不認為接下來兩年我們會有（陷入穀倉的）風險，但規模變大對任何公司都是個難題。不過組織問題與電腦問題相仿，你必須不斷思考你能否拿管理一千人的那一套去管理十萬人。」

另外，還有一個比較隱晦的危機。臉書公司有一個特點是人員同質性很高，幾乎大家都接受同一套技術訓練，年紀為二十多歲至三十出頭，愛穿運動鞋跟牛仔褲（簡直像在穿「制服」），人生觀也大同小異。這些有助建立群體身分認同，破除公司裡面的穀倉。大家相差不多，因此輪調不算多難。然而當臉書員工成為一個社會群體，有自己的群體身分認同，反而要面臨另一種風險，即整個公司可能終將自成一個巨大的穀倉。

不只臉書有這個問題。矽谷誕生許多無比成功的科技人，他們愈有錢，也就愈自信，甚至自命不凡，跟十年前的金融圈人士一樣變得高高在上，跟一般人顯得格格不入，不只富裕程度天差地別，所受教育與想法也截然不同，不在科技產業的人難以明白臉書等公司裡的電腦工程師到底在做什麼，電腦演算法跟金融術語一樣費解。這類科技人有時會不知道外面是如何看待自己，面臨著陷入「科技圈穀倉」的危機。

然而，那個溫暖五月夜晚聚在橘色會議室參加黑客松的臉書員工們並不太擔心這些未來的危機。當下顯得無比刺激，他們只想編寫程式，拓展電腦科學的疆界，看著主管不斷想出社群技術的新點子。肯亞尼環顧聚在一部部電腦前面的黑客松參加者，然後說：「我們認為目前這系統很管用，足以破除穀倉，但我們仍必須時時實驗下去。」這就是「黑客作風」的精神，而如果臉書要避免步上索尼的後塵，這或許正是最佳利器。

第7章

取下鏡片：醫生如何避免經濟專家的錯誤

「我喜歡把事物上下翻轉，從另一個角度查看圖像與情勢……看一看轉換觀點以後有何變化。」

——瑞士喜劇演員暨藝術家烏爾蘇斯·威爾利（Ursus Wehrli）

哈佛商學院演講廳裡的觀眾態度認真，對講者懷抱敬意。講臺前方是呈U字型的一排排座位，擠滿全球最有旺盛企圖心的頂尖學生。就讀哈佛商學院通常至少得花十萬美元，而且入學競爭無比激烈[1]。學生對自己要求極高，對每位講者同樣也是。而二〇〇六年初秋這天的講者可是大有來頭[2]。

這位講者是托比．寇斯葛洛夫（Toby Cosgrove），六十五歲[3]，身形高䠷，有著堅毅臉龐與一對大耳朵。他是全球舉足輕重的心臟科名醫，在數十年行醫生涯救治超過二萬二千名病患，擁有三十項前瞻醫學專利[4]。二〇〇四年，他獲選為俄亥俄州克里夫蘭臨床醫學中心的執行長。克里夫蘭臨床醫學中心是全美前幾大的醫學中心，預算高達六十億美元，員工人數高達四萬餘名[5]，許多領域的醫療水準在全美首屈一指，包括寇斯葛洛夫所待的心臟科。不過儘管克里夫蘭臨床醫學中心採用最先進的醫療技術，收費卻比大多數競爭對手低廉，令全球各地人士趨之若鶩。簡言之，克里夫蘭臨床醫學中心是二十一世紀的醫院典範，至少在哈佛商學院眼中是如此。

哈佛商學院學生專注傾聽寇斯葛洛夫解釋克里夫蘭臨床醫學中心的運作方式。寇斯葛洛夫很會演講，自然散發出一種權威的氣勢，偶爾冒出幾句睿智的自嘲。但多數人不知道寇斯葛洛夫有閱讀障礙。他十幾歲到二十歲出頭時在學校讀得很辛苦，後來靠堅韌毅力與圖像式記憶法逐漸克服難關，最終當上醫生。克里夫蘭臨床醫學中心心臟科醫師布魯斯・李透（Bruce Lytle）有時會開玩笑說：「寇斯葛洛夫實在聰明絕頂，而且是自從亞歷山大大帝之後，世上最有雄心壯志的強者。這是好事，你需要這種人來改變世界。」

寇斯葛洛夫演講完後，接受現場學生提問。前幾個問題都很友善，但接下來坐第二排的纖瘦褐髮女學生卡拉・梅朵夫・巴奈特（Kara Medoff Barnett）起身發問：「您好，我爸需要動二尖瓣的手術，我們知道克里夫蘭臨床醫學中心，也知道你的醫術非常精湛，但我們決定不去貴院動手術，因為聽說你不是個能將心比心的人。我們後來去了別間醫院，雖然那間醫院的評等不如你們[6]。」

全場感到驚愕。巴奈特盯著寇斯葛洛夫的雙眼，繼續說：「寇斯葛洛夫執行長，你在貴院會教導醫護人員要有同理心嗎[7]？」

同理心？寇斯葛洛夫一時之間不知所措。先前寇斯葛洛夫耗費數十年對抗頑疾，不斷精進醫術，最終成為首屈一指的名醫，卻很少想過同理心這件事。同理心聽起來有點嬉皮風，甚至自我耽溺。「不太有。」他含糊地說，然後改變話題。

隔天他離開波士頓，試著把這段插曲拋諸腦後，但她那番話始終縈繞腦海。「寇斯葛洛夫執行長，你在貴院會教導醫護人員要有同理心嗎？」十天後，他在沙烏地阿拉伯再次想起這句話。中東地區有許多有錢客戶，克里夫蘭臨床醫學中心積極擴展中東業務，因此寇斯葛洛夫決定出席吉達新分院的正式開幕式。沙烏地阿拉伯國王與王儲為此舉辦開幕典禮，許多當地達官貴人到場，新任院長發表慷慨激昂的演說[8]：「本院致力於照顧病患的身、心、靈的健康[9]。」在新任院長演講之際，寇斯葛洛夫望向沙烏地阿拉伯國王，赫然發覺他在流淚[10]。寇斯葛洛夫感到顫慄。我們真的忽略了什麼。談到醫療，他以前只想到冷冰冰的技術層面，想到手術時的專業技術，卻很少想到「靈魂」。

然而，光靠專業技術就夠了嗎？這問題始終在寇斯葛洛夫的腦海揮之不去。寇斯葛洛夫知道克里夫蘭臨床醫學中心在醫療評鑑上有頂尖表現，至少當你用醫生的心理地圖檢視時，會認為克里夫蘭臨床醫學中心實在很好。克里夫蘭臨床醫學中心有世界級的內外科醫師、護理人員、心理醫師與物理治療師，擁有眾多專業醫療團隊，例如：麻醉學團隊、小兒科團隊、醫藥團隊、手術團隊、病理學團隊、醫事檢驗團隊、急性後期照護團隊、地區醫療服務團隊、照護團隊與教育團隊等。

但這是病患真正想要的嗎？這是最有效的理想醫療，還是最省錢的權宜之計？寇斯葛洛夫開始感到疑惑。醫生認為醫療關乎各種專業技術，病患則不這麼認為。當一個人身體不適，他不會說：「我需要心臟開刀手術」或「讓我去看心臟科醫師」，反而是說：「我胸口在痛」、「我發作了」、「我無法呼吸」、「我肚子很痛」，或只是說「我不太舒服」。

這種對醫療的差異認知並不令人意外。人類學家在十九世紀晚期開始探究非西方文明，發覺不同社會對身體、生病與健康的想法和定義不盡相同。後來人類學在二十世紀開枝散葉，出現一門稱為「醫療人類學」（medical anthropology）的分支，在人類學界算是發展相當迅速，主要探討全球各地對健康的感受、經驗與實踐，認為健康不只關乎生理，也不只關乎科學，還是一種文化現象。人類的生理機能也許舉世皆同，「疾病」的概念卻有文化差異，甚至同一個社會裡也存在差別。

過去二十年間，這概念逐漸影響多邊發展組織與非政府組織在貧窮地區的發展與協助工作。世界銀行行長金墉（Jim Yong Kim）就是一位醫療人類學家，不僅有人類學博士學位，還有醫師執照，擅長結合這兩個不同領域的思維，推動對貧窮地區疾病傳播的相關研究，也在世界銀行推廣這種跨學門研究。醫療人類學家保羅・法默（Paul Farmer）是金墉的同事兼好友，創立健康伙伴基金會（Partners In Health），在非洲等地投入醫護實驗工作，也在他任教的哈佛大學與其他美國名校推廣這個概念。全球各開發中國家還有許多其他例子。

然而，醫療人類學目前對西方醫界的核心並未發揮重大影響。醫療人類學家往往躲在學術圈的一個小角落（或曰穀倉）埋首工作，跟寇斯葛洛夫這類名醫距離甚遠。但當寇斯葛洛夫思索他在哈佛商學院演講時的那段插曲，他開始觸及醫療人類學的幾個核心概念。他思考說，如果「取下原本的鏡片」，把醫療主體放在病患而非醫生身上，那麼會發生什麼事情？醫院架構是否會出現什麼改變？在寇斯葛洛夫赴哈佛商學院演講的幾年前，克里夫蘭臨床醫學中心裡就有醫生在思考如何改變醫院架構。

由於醫學不斷創新，內科與外科的傳統分野變得模糊，克里夫蘭臨床醫學中心的許多醫生認為，該是時候反思部分科別的組織架構。可是寇斯葛洛夫不只想做組織調整，還想從更基本的角度反思醫療做法，質疑不同科別的專業穀倉。基本上，他想做第三章跟第四章裡那些金融業者與經濟專家所沒做的事，那就是檢視專業人士的分類系統。

他知道這不容易。醫生（如同經濟專家）得接受數年的專業訓練，正因為很少外人明白他們在幹麼，他們才握有無比權力。寇斯葛洛夫苦笑著說：「我們醫界有個圈子在定義何謂醫生，而這個圈子勢力很強。」多數專業都是如此。二〇〇八年以前，英格蘭銀行與美國聯準會的經濟專家都待在專業穀倉裡，認為經濟學的範疇只包括銀行，至於其他金融機構的監管工作與他們無關。類似狀況隨處可見，愈是複雜的專業領域，問題愈是嚴重，畢竟外人根本不懂，遑論加以挑戰。

但寇斯葛洛夫是個很有決心的人。在他遇到巴奈特那段尖銳提問的幾個月後，克里夫蘭臨床醫學中心展開一項實驗，後來在醫界引發爭議，連白宮都表示關切，卻對醫界以外也造成影響。**克里夫蘭臨床醫學中心的故事證明，如果你想對抗穀倉，你不只可以讓人員在各部門之間輪調、舉辦全公司的活動，或鼓勵人員大膽進行職涯突破（如同我在前兩章所述），還有另一個方式是鼓勵人員反思既有的分類系統，甚至加以顛覆。**心理改造有時跟組織重組同樣有效，兩者同時進行更有相輔相成之效。克里夫蘭臨床醫學中心的故事不只能啟發醫生，也能啟發經濟專家、金融業者、製造業者、媒體記者，還有各行各業的專業人士，至於希望醫生更有同理心的病患當然也能受惠。

追求無縫連接的系統，背後卻有隱憂

某方面而言，克里夫蘭臨床醫學中心是實行穀倉破除實驗的絕佳地方，因為這家醫院向來有突破傳統的精神。克里夫蘭臨床醫學中心的歷史可追溯至一八八〇年代，當時知名外科醫師法蘭克・J・偉德（Frank J. Weed）看中克里夫蘭日漸增加的醫療需求，聘請新手醫生法蘭克・邦特斯（Frank Bunts）與喬治・華盛頓・奎爾（George Washington Crile），開設了一間小診所[11]。一八九一年，偉德死於肺炎，享年四十五歲，邦特斯與奎爾決定以一千七百七十八美元買下偉德的診所，外加三匹馬、馬車、雪橇，還有各種醫療器材，例如：「三支鼻鉗、兩支腸鉤、三把子彈鉗和一個馬蹄形綁帶。」[12]。接著他們聘請第三位外科醫師威廉・洛爾（William Lower），診所規模擴大，遷至克里夫蘭市中心的奧斯本大樓，以便替更多病患服務[13]。

到了一九一四年，他們「處於多數醫生開始考慮退休的職涯階段」，但第一次世界大戰在該年爆發，奎爾前往法國，在美軍湖濱醫院服務[14]，另外兩位也自願加入，這段經歷改變了他們對人生與醫療的看法[15]。當時多數美國醫生十分重視營收，一個個如同精打細算的生意人，但軍醫院要求他們必須加入由不同背景人才組成的醫療小組。他們三個經過實際體驗，發現這種「小組合作模式」不只適用於戰場，也適用於平時。當他們返回克里夫蘭，決定改變醫院的運作模式，不再自行其是，而是彼此合作，領取固定薪水，如同一支小組[16]。

當時美國不只他們的醫院採取這種模式。明尼蘇達州羅徹斯特市有一對兄弟檔醫師威廉・梅奧（William Mayo）與查爾斯・梅奧（Charles Mayo），他們早在一八八九年就實行類似做法[17]。不過這種做法到底少見，因為多數醫生很排斥。寇斯葛洛夫說：「早期那些採取團隊做法的醫生在醫界不受歡迎，遭冠上『醫界蘇聯人』、『布爾什維克派』與『共產黨分子』等封號。帕羅奧圖市有一群醫生想採取這種做法，但眾醫療組織群起而攻之，斥為『醫療企業化』，當地醫學會還把他們列入黑名單[18]。」

不過奎爾他們的醫院蒸蒸日上，病患趨之若鶩。克里夫蘭在十九世紀是美國數一數二的有錢城市，工業與農業蓬勃發展，儘管在二十世紀初期漸走下坡，許多專業人士依然經濟寬裕[19]。一九二九年，他們醫院卻遇到兩個打擊。五月十五日，地下室存放的一疊X光片起火爆炸，毒氣直衝上整棟大樓，導致一百二十三人喪生，包括院長約翰．菲力普斯（John Phillips）[20]。五個月後，美國股市崩盤，各醫師都縮減薪水，從個人壽險調錢出來，而且統統超時工作，共體時艱。那時奎爾已七十多歲，因為青光眼而幾近失明，仍靠觸診替病患看病。到了一九四一年，整間醫院終於付清債務，重新招募新血[21]。

第二次世界大戰以後，醫院開始擴張規模，但由於克里夫蘭市在走下坡，他們得靠創意才行。二十世紀初期，克里夫蘭相當有錢，甚至有一塊知名的「百萬富豪區」[22]。然而到了一九六〇年代，克里夫蘭的產業與經濟嚴重衰退，位於市中心的他們醫院周圍出現示威暴動，憤怒的民眾在街頭焚毀汽車，開槍掃射，丟擲磚塊，國民兵不得不進駐市中心，坦克與部隊把他們醫院當作臨時根據地[23]。不過他們醫院並未拋棄克里夫蘭，仍堅守在第九十三街與歐幾里德大道的原本地點[24]，等暴動平息後，院內醫生開始買下新空地，尋求擴張機會。

接著一個關鍵突破出現。院內其中一位明星醫師雷內・法華羅洛（René Favaloro）完成全球首例冠狀動脈繞道手術[25]，贏得全球的矚目與讚譽。於是心臟科擴大規模，包括放射科、泌尿科與腸胃科等也一併擴張，許多醫師與病患從全球慕名而來。

一九七〇年代，克里夫蘭臨床醫學中心跨出克里夫蘭，不僅在俄亥俄州境內成立多家醫學中心，還收購九間地區醫院[26]。一九八〇年代，克里夫蘭臨床醫學中心把業務版圖擴展到佛羅里達州等地，服務當地需要醫療照護的眾多富裕高齡人口。克里夫蘭臨床醫學中心的擴張速度相當驚人，到一九八八年時甚至成為克里夫蘭市的最大雇主，員工人數達到九千一百三十四名，超越福特汽車與LTV鋼鐵公司[27]。

到了二十世紀末尾，員工人數增加至四萬名[28]。克里夫蘭臨床醫學中心不只是克里夫蘭市的最大雇主，還是俄亥俄州的第二大雇主，僅次於沃爾瑪超市[29]。這不僅反映俄亥俄州在工業與農業這兩大支柱搖搖欲墜以後的轉變，也反映整個醫療產業的變化。一個世紀以前，當奎爾、邦特斯與洛爾等醫師成立診所之際，他們很容易就讓整間診所運作得如同一支團隊，規模小到人人能面對面攜手合作。借用人類學家羅賓・鄧巴與臉書鍾愛的用詞，醫生之間可以實行「社交梳理常規」。然而到了二〇〇〇年，克里夫蘭臨床醫學中心已成為複雜無比的官僚巨獸，遠超過鄧巴數字的一百五十人上限。

為了因應這個問題，克里夫蘭臨床醫學中心高層引進最先進的措施。不同大樓之間興建封閉式空橋，供人員通行無阻，既不怕酷熱難耐的炎夏，也不怕天寒地凍的嚴冬。不同大樓之間裝設運輸管系統，在各部門之間運送放射檢查資料、X光片與其他文件。一九九〇年代，數位化浪潮襲來，大型電子系統取代原本的運輸管系統，負責傳送資料，追蹤院內運作狀況，把各種資訊通知給醫生、護士、雜工與技師[30]。

各大樓底下興建複雜的地道系統，靠自動貨車運送器材，甚至設有許多精密機器人，負責運送與裝卸器材，維持整個系統正常運作，只需少數人員加以輔助。二〇〇九年，《新聞週刊》（*Newsweek*）的一篇報導指出：「克里夫蘭臨床醫學中心是一間想效法豐田汽車工廠的醫院[31]。」小朋友則會說，克里夫蘭臨床醫學中心像是童書作家羅德．達爾（Roald Dahl）筆下的巧克力工廠，致力於追求無縫連接，有一個結合運輸管、機器人、軌道、連絡機械與電子系統的複雜網絡。

然而，雖然這些系統與機器人令人印象深刻，背後卻有一個隱憂：技術與組織變得愈複雜，愈可能陷入穀倉窠臼。某方面而言，這種做法本身並無問題，專業分工是組織變得複雜龐大以後的必然結果，而且克里夫蘭臨床醫學中心看似運作得宜。二〇〇四年，院方出版的資料指出：「根據《美國新聞與世界報導》（*U.S. News & World Report*）的年度醫院評鑑，克里夫蘭臨床醫學中心年年皆為全美前十大頂尖醫院，甚受讚譽的包括心臟科（從一九九五年至二〇〇三年皆稱霸全美）、泌尿科、腸胃科、神經醫學科、耳鼻喉科、風溼病學科、婦科與骨科[32]。」可是由於這些專業穀倉太過成功，也就各自變得更加封閉，克里夫蘭臨床醫學中心跟許多大型成功組織並無差別，但寇斯葛洛夫上任以後，情況開始不同。

創新的關鍵就是挑戰既有的界線

二〇〇四年一月，在克里夫蘭臨床醫學中心擔任執行長達十五年的心臟科名醫佛洛伊德・路普（Floyd Loop）宣布即將卸任，接著院內展開激烈競爭，許多人想角逐執行長大位[33]。同年六月，董事會在「經過數百小時審慎考慮」以後，決定由寇斯葛洛夫（或稱為狄洛斯・「托比」・寇斯葛洛夫醫師〔Dr. Delos "Toby" Cosgrove〕）擔任執行長[34]。

根據《克利夫蘭公論報》（*the Plain Dealer*）的報導，隔天消息宣布時，院內資深主管「立刻起立鼓掌叫好」[35]。寇斯葛洛夫一路走來表現亮眼，當時正在胸腔與心臟手術部領導一支十二人團隊，該部門的營收高達全院的三分之一。馬里蘭大學心臟病學家約翰・卡斯特

（John Castor）表示：「他領導的心臟科在全球堪稱首屈一指[36]。」

此外，寇斯葛洛夫的敬業精神也蔚為傳奇。寇斯葛洛夫生於一九四〇年，在安大略湖畔的沃特敦鎮長大，童年過得舒服愉快，他父親是律師，兒時得到「托比」這個綽號，成長過程十分憧憬於駕船航行（數十年後，當他為工作搬到克里夫蘭，仍在麻州外海的南塔克特島擁有一艘船[37]）。

寇斯葛洛夫八歲時跟一位當地醫師結為朋友，從此對醫學抱持興趣，但他學醫之路卻充滿艱辛。他讀書非常認真，成績卻差強人意，大學（威廉姆斯學院）第一學期只拿到一堆「D」，但直到二十一歲才明白原因，原來他有閱讀障礙。後來他回憶說：「看出我在學習方面所有問題根源的，是我那時的約會對象……她是一位老師。那時我試著讀她從《紐約時報》選出的幾則報導，對有些用詞感到很吃力，她就說：『托比，你有閱讀障礙耶。』我一聽恍然大悟[38]。」

寇斯葛洛夫最後被維吉尼亞大學醫學院錄取，一接觸實務層面就破繭而出。他在羅徹斯特大學實習[39]，之後來到越南，在美國空軍位於峴港市的傷患撤離醫療中心工作，該單位短短五個月就把二萬二千名負傷士官兵送回美國。寇斯葛洛夫說：「過去每一天我都會想起越南。許多事情能勾起記憶，例如：直升機飛行聲或某個巨大聲響都能。越戰改變了我們所有人[40]。」

返國以後，寇斯葛洛夫在麻省總醫院工作，接著在一九七五年獲得重大突破，他有機會加入克里夫蘭臨床醫學中心的心臟手術團隊[41]。雖然寇斯葛洛夫也可以去哈佛，但他選擇克里夫蘭臨床醫學中心，因為他很欽佩心臟科名醫法華羅洛跟他的冠狀動脈繞道技術[42]。此外，寇斯葛洛夫也喜歡團隊工作。他愛說：「我在軍中學到團隊合作，所以自然想說為什麼醫界不是採取這種模式。」

接下來二十年間，寇斯葛洛夫埋首於工作，成為備受尊崇的名醫。他的同仁倒不見得喜歡他。外科醫師以自傲著稱，寇斯葛洛夫往往符合這個刻板印象，對他人相當嚴格。泌尿科主任艾瑞克．克萊（Eric Klein）說：「他擔任主任時，底下人員在三百六十度評鑑回饋表寫說：『他很有效率，只是有時會發火，失去控制，然後失去我們全部人的心。』」不過寇斯葛洛夫有時也能自我嘲解，和善客氣，而且對自己跟對別人同樣嚴格。克萊補充說：「寇斯葛洛夫有個少見的優點，那就是懂得改變，懂得從錯誤中學習，也確實在這些年來改變了他管理人員的方式。」此外，寇斯葛洛夫也樂於大膽跳脫傳統。

寇斯葛洛夫來到克里夫蘭臨床醫學中心不久後，覺得受夠了心臟科醫師修補心臟瓣膜的傳統方式。當時心臟科醫師要不就用人工瓣膜，要不就用豬心瓣膜，擇一固定在堅固的環型瓣架上，像是一圈衣領，然後縫到病患的瓣膜上[43]。然而，環型瓣架的彈性很差，無法跟著心跳而動，大家對此問題束手無策。某日，寇斯葛洛夫湊巧看到一個老式繡花圈，也就是一種十九世紀女裁縫用來做衣服的那種用具，他決定根據手術用途加以改良。這是很天馬行空的思想跳躍。寇斯葛洛夫說：「心臟手術與縫紉（這兩個詞）通常不會出現在同一個句子裡[44]。」不過他的創意成功了。接下來數年，寇斯葛洛夫陸續申請三十項專利，其中許多項也同樣特別。

後來寇斯葛洛夫時常把這種跳脫傳統的能力歸功於閱讀障礙。由於他無法閱讀，只好發展圖像式思考，替問題找出自己的一套答案。他說：「我算是因禍得福。由於閱讀障礙的限制，我從未陷入從眾心理，只能靠自己的方法學習與了解周遭事物[45]。」此外，他認為閱讀障礙帶給他另一個啟示：**創新的關鍵是要挑戰既有界線**。當一個人把不同領域的點子混在一起，往往能迸出創意：「我的許多……點子來自跨界比對，還有心臟手術以外的地方，需要其他領域專家的合作[46]。」他還說：「創新源於邊界，也就是兩個領域接觸摩擦之處[47]。」或者可以說是穀倉破除之處。

顛覆分類系統，以全新的角度思考醫療

寇斯葛洛夫上任幾年以後，召開一場理事會，指出他想改變醫院的運作方式。某方面而言，大家並不意外。他們知道寇斯葛洛夫懷有雄心壯志，一心想真正有些建樹，而且他們原本早已在熱烈討論內部組織是否需要重新調整。外科主任布魯斯．李透說：「我們都很常在談改變的事[48]。」但寇斯葛洛夫提出的改變幅度大到令同仁卻步，不是只調動幾個部門，而是實行兩大改革。第一，他說現有的四萬三千名人員要**撕掉既有的「醫師」與「護士」標籤**，**揚棄傳統的角色界定**，**所有人員都把自己當作「照護者」**，**不只留意患者的生理病痛，也照顧患者的心理情緒**[49]。第二，他想改變全醫院的組織架構。

克里夫蘭臨床醫學中心現有的組織劃分是按照醫生所用的工具與治療方式。一個重要分類是「外科」（或曰切開病患的身體）不同於「內科」（或曰治療病患的身體），進一步的分類則反映醫生所受的訓練。可是寇斯葛洛夫想顛覆這個分類系統，像把瑞士喜劇演員暨當代藝術家威爾利對繪畫與表演的做法挪用進醫院：**改變事物原本一貫的組織方式**，**讓大家以嶄新角度做思考**[50]。因此寇斯葛洛夫不想從醫生的角度區分科別，而是以患者與疾病為核心。這有賴於成立跨科的新部門，處理疾病（例如：癌症）或身體系統（例如：大腦），從而迫

使外科醫師、內科醫師與其他人員一起攜手治療病患[51]。

寇斯葛洛夫老愛說：「我來到這邊的時候，心臟內科醫師待在一邊，心臟外科醫師待在另一邊，只有在候診室才會碰頭。我跟多數其他（該一起共事的）外科醫師沒什麼共同點，因為他們是直腸外科醫師之類的；可是我跟心臟內科醫師有很多共同點，因為我們都是在處理心臟問題，雖然我們屬於不同分科。」

這消息令眾人訝異。跟美國大多數醫院相比，克里夫蘭臨床醫學中心的人員已算是合作得特別密切，或照幾位創辦人的講法是很像一個小組。在多數美國的醫院裡，醫生往往自行其是，彼此分開，收入也是個別計算。就此而論，醫療體系遙相呼應金融世界的「有功才有賞」做法（不過在醫界可改為「有醫才有賞」）。

然而克里夫蘭臨床醫學中心的醫生是領固定薪水，不是按個別診療收取費用，雖然有時會領到紅利，發放基準卻是採取分享制，不是「有功才有賞」系統[52]。多數歐洲國家採取這種做法，例如：英國國家衛生署完全實行共同支薪制，但美國不然，政府資料指出，全美八十萬名醫生裡有半數形同獨立企業家，其餘醫生也大多隸屬於財務方面獨立的醫療團隊，就算在大醫院也不例外[53]。二〇〇五年，僅四．五%的美國醫生是在超過五十人的大型醫療團隊裡工作，而且是採用共同支薪制[54]。

克里夫蘭臨床醫學中心因此顯得與眾不同，但院內還是有區分不同科別，各科之間不見得能妥善合作，部分原因在於顯著或隱晦的地位差異導致半階級架構。寇斯葛洛夫這種心臟外科醫師在地位系統裡高高在上，享有高額薪水與極高地位；普通科醫師地位較低，薪水也較低；放射科醫師與麻醉科醫師又在另一個位置，護士則在更底層。不同科別通常會合作，但有時則重複做白工，碰到新科技或跨部門的病症時尤其如此。

心導管即充分反映這個問題。二十世紀上半葉，導管主要用在處理膀胱等問題，由不進行手術的內科醫師負責，由於放入導管時不必切開人體組織，也就不歸類為外科醫師的工作。到了二十世紀末，內科醫師開始靠切開組織來放入導管，外科醫師則把導管應用於心臟手術。外科主任李透解釋說：「內科與外科的分野變得模糊。你開始會看到心臟內科醫師把導管放進人體，但那該是外科醫師的工作！接著血管外科醫師開始更常使用導管，他們是受開放式手術的訓練，卻轉進導管的領域。」這造成緊張局面。李透坦承：「界線逐漸模糊以後，我們遇到愈來愈多金錢與尊嚴方面的衝突。」

腎臟專家艾瑞克．克萊則說：「寇斯葛洛夫接掌醫院的時候，頸動脈支架手術要找五個不同的（科別）來做——心臟內科、神經醫學科、神經外科、神經放射科與血管外科。」照邏輯來看，這些團隊該彼此合作，否則重複手術形同浪費大量資源，但事實上各科都不想退讓。克萊坦承：「我們試著讓這些團隊一起合作，分享資料庫與醫療技術，最後卻徒勞無功。他們就像不同的成本中心。」

廢除內外科，建立跨科部門

寇斯葛洛夫因此宣布一個激進做法，他找來內科主任詹姆斯．楊恩（James Young）與外科主任肯尼斯．歐里爾（Kenneth Ouriel），宣布說他要廢除內外科，並撤銷他們的職務[55]。這兩個職位在多數醫院都是神聖不可侵犯的，但寇斯葛洛夫決心破除傳統模式，不把各科分為外科與內科，而是建立跨科的部門。寇斯葛洛夫表示：「我跟他們說：『我很敬重你們，但我們需要改變。』」為了降低衝擊，寇斯葛洛夫讓歐里爾接掌阿布達比的分院，至於性情溫和的楊恩則留在本院並卸下原本的大位。楊恩說：「如果是在其他地方，也許會爆發激烈紛爭。廢除內外科在多數醫院是無法想像的！不過我懂他的想法。」

下一步是想像內科醫師與外科醫師不再涇渭分明。寇斯葛洛夫與其他醫生發現，病患描述病情時往往著重特定部位或廣泛症狀，例如：頭痛、皮膚癢、腿摔斷，或擔心自己罹患癌症。寇斯葛洛夫認為這代表合理的做法是建立跨科團隊，針對特定部位或廣泛症狀進行醫療，而非採取內科與外科的傳統分工。寇斯葛洛夫不確定該如何實行，但二〇〇六年六月院內的神經外科主任卸任之際，寇斯葛洛夫展開一項實驗[56]。董事會宣布將成立「神經醫療中心」，結合神經內科與心理科（原屬內科）跟神經外科（原屬外科），再加上其他的腦部相關醫療團隊。寇斯葛洛夫說：「頭痛的病患就只是想把頭痛治好，他們不知道自己該找神經內科醫師、神經放射科醫師或哪種醫師，所以我們把各科加以整合是一種合理的做法。」

中心負責人並不好找。最初寇斯葛洛夫想找個名醫負責領導整個中心，委員會找到另一家醫院的某位知名神經外科醫師，但對方了解寇斯葛洛夫的非傳統做法以後打了退堂鼓。位高權重的神經外科醫師大多不願讓神經內科醫師跟他們平起平坐，認為這破壞了傳統做法。神經放射科醫師麥可・莫迪克（Mike Modic）說：「寇斯葛洛夫跟委員會說：『出去找諾貝爾獎等級的出色人選吧！』所以我們開始找在學術上表現傑出的人才，結果根本是災難一場。」因此最後委員會讓莫迪克擔任中心負責人[57]。

這也很打破傳統，原因是放射科的地位通常遠不如外科。可是莫迪克認為接下這個職位無妨，決心放手一搏，打破傳統分界，整合腦部相關的所有科別與醫師。他喜歡這樣解釋：「舉脊椎為例。長年以來，許多科別都投入脊椎的研究，例如：神經內科、心理科、生醫影像科、整形外科與風溼病學科等，但我們認為該把大家整合起來才對。」

寇斯葛洛夫也從其他方面重新界定醫療分工。他設立「特殊規劃小組」，成員由頂尖名醫擔任，負責擬定改革的時間表[58]。然而神經醫學領域的改革狀況傳遍院內，其他部門的人員開始憂心忡忡，許多外科醫師擔心失去地位，非外科醫師則擔心外科醫師將在改革後攬盡大權。風溼病學科主任艾比・亞柏森（Abby Abelson）坦承：「大家擔心很多（像我們這樣的）科別將被外科壓在底下[59]。」

恐懼逐漸升高，有些人員要求寇斯葛洛夫取消改革，但他予以拒絕，反而宣布將讓所有改革一次到位。他知道這是個大膽之舉。當時克里夫蘭臨床醫學中心有四萬三千名員工，分散於不同部門，而各部門自有一套治療、收費與升遷的辦法。可是他也知道，一旦放慢腳步，改革恐將窒礙難行。後來他解釋說：「大家變得很緊張，開始問說他們該跟誰報告，誰又將擔任他們的頂頭上司？」

二○○八年一月一日，克里夫蘭臨床醫學中心公布「大霹靂式改革計畫」：成立二十七個新「中心」，諸如「皮膚暨整形中心」、「消化疾病中心」、「泌尿暨腎臟中心」、「頭頸部中心」、「心血管中心」與「癌症中心」[60]。有些中心只是讓不同團隊移進新的聯合辦公室，舉泌尿暨腎臟中心為例，腎臟外科醫師只不過是把個人電腦移到新辦公室，跟腎臟內科醫師坐在一起。有些中心則較難完成整合工作。

亞柏森說：「重組計畫公布時，風溼病學科在這一層樓，整形外科在另一層樓，我們知道接下來要一起共事，花很多時間在各醫療大樓尋找能讓我們坐在一起的地方，但最後決定待在原本的地方。」不過儘管他們並未坐在一起，卻都需要遵照一個原則：外科與內科醫師都要跳脫原本的專業思考與辦公區域，大家開始攜手合作。

美國外科協會與美國內科協會留意到寇斯葛洛夫的革新，感到困惑與錯愕。這兩個協會負責核發醫師執照，認為醫院就是該分為內科與外科，從未見過哪家醫院試圖打破內外科的界線，並抨擊說此舉會導致克里夫蘭臨床醫學中心難以訓練新醫師。寇斯葛洛夫坦承：「他們很不高興，我們只好花很多工夫解釋。」為了安撫他們，克里夫蘭臨床醫學中心最終同意保留一個影子組織架構，依循原本的科別而非跨科的中心。莫迪克解釋說：「外頭的世界仍是那樣分科，所以為了（訓練）實習醫師等，我們也必須那樣做。」

有些保險公司也要求克里夫蘭臨床醫學中心按照科別而非中心來收費，否則保險公司的電腦系統難以處理。由於影子架構的科別橫跨不同中心，全院最終的組織架構十分複雜，但寇斯葛洛夫認為這是值得付的代價，而且這種重複架構還有一個意料之外的好處：每位醫生進行診療時會想到醫療不只有一種界定與分類方式，不得不在各種分類之間切來換去。神經外科醫師可以歸類為外科醫師，屬於那個菁英部落的一員，但也可以只是一個處理腦部疑難雜症的醫師，跟其他內科醫師一起歸類為腦部專家。一切全取決於你的切入角度。

同理心不等於多愁善感，反而能破除穀倉

二〇〇八年春季，這項改革開始實行的幾個月以後，寇斯葛洛夫舉辦一場院內會議，找來先前在哈佛商學院質疑過他的年輕女學生巴奈特。寇斯葛洛夫坐在臺上輕聲發問：「巴奈特，請問令尊先前為何不來克里夫蘭臨床醫學中心動手術？他們不喜歡本院的什麼地方？」在寇斯葛洛夫剛當上執行長的前幾個月，他演講時總是相當嚴肅，無法表現得輕鬆自然。然而到了二〇〇八年，他變得平易近人，領帶款式也變得輕鬆活潑。

巴奈特在前一年已從哈佛畢業[61]，目前在紐約工作，她複述當年的批評：貴院技術精良，但缺乏同理心。寇斯葛洛夫謙恭的點點頭說：「所以我們做得不對，我們必須改變！」

這令寇斯葛洛夫的同仁吃了一驚。急救中心醫師賽斯．波多斯基（Seth Podolsky）說：「原本就認識寇斯葛洛夫的人絕對想像不到他會提什麼同理心[62]。」這種極度高壓與競爭領域

的外科醫師很少會示弱或流露情緒。寇斯葛洛夫解釋說：「（一九六〇年代）我在波士頓開始學醫，當時的醫療技術跟現在大不相同，我們有時（在手術臺）會失去五個小孩，所以如果你投入感情的話，很難馬上返回工作崗位。病患沒有期望你抱一抱他們，只是希望能從鬼門關前逃回來。」

不過寇斯葛洛夫把巴奈特的講法放在心底。他認為**同理心不等於多愁善感，反而象徵著他想破除穀倉的另一層心願**。寇斯葛洛夫希望同仁不要只留意生理或心理，而是同時關注兩者，畢竟這才是病患對醫療的感受，多數病患跟醫生不同，不會去區分醫療技術與內心感受。寇斯葛洛夫說：「很少病患能判斷醫術高低，就算當面看著我，也不會知道我的技術好壞，但他們能確實感覺自己是受到何種對待。」

因此寇斯葛洛夫任命詹姆斯・莫里諾（James Merlino）為經驗長（chief experience officer，簡稱CXO）[63]。他們要求所有四萬三千名員工參加一個半天的同理心訓練課程[64]。有些外科醫師出言反對。泌尿外科醫師克萊表示：「當時我說：『我們又不是在開旅館，我們沒必要招呼客人，帶他們進房間，確認枕頭合不合適！』」可是寇斯葛洛夫和莫里諾依然堅持所有人員都要參加，打散進不同團隊，絕無例外。有些內外科醫師甚至分派到迪士尼樂園學習顧客服務。

醫院建築也用做另一個改革工具。寇斯葛洛夫從未聽過布赫迪厄的習性理論，但仍認為文化與空間的交互影響十分重要。早期克里夫蘭臨床醫學中心的醫療大樓跟多數美國醫院一樣，布置著大幅油畫、深色木板與地毯，但從一九九〇年代開始改採較簡單輕鬆的設計，寇斯葛洛夫再進一步推動革新，廣泛選用現代藝術作品[65]，由服裝設計大師黛安・馮・佛絲登寶格（Diane von Furstenberg）重新設計病人服[66]；醫院大廳出現藝術家珍妮佛・施泰因坎普（Jennifer Steinkamp）的立體投影巨樹，以讓大家放鬆心情[67]；還擺放一架鋼琴，供病患彈奏或（有時）由專業音樂家現場表演；三名「紅外套」接待人員，在大廳門口熱情接待與招呼病患，協助他們放鬆心情[68]。

寇斯葛洛夫說：「這點子當初會出現是因為院內有太多改建工程，我們需要替病患引導方向，後來卻發現病患對這些『紅外套』接待人員反應熱烈。」不過寇斯葛洛夫的得意之作還是醫院入口。二十一世紀初，克里夫蘭臨床醫學中心高層決定把醫院入口納入擴建計畫，預計蓋一座噴水池，但遭寇斯葛洛夫否決，他認為水花會讓人聯想到流血。後來他請建築師設計一座禪意水池，讓水保持靜止，象徵祥和寧靜，反映最重要的同理心。

建築師也把目光放到空橋。許多複雜連通的封閉式空橋在一九七〇年代建成，以確保病患與醫護人員在各大樓間來去無礙，連暴風雪都不怕。這些空橋純粹以功能導向，乏味無趣。不過院內醫生討論彼此的互動狀況時，發現空橋有個意外好處，由於病患與醫護人員每天不得不經過狹長的空橋，大家時常會碰到其他醫療團隊的人員。建築師於是把空橋改建得明亮通風，加進輕鬆的藝術品與標語，鼓勵大家在空橋逗留與聊天[69]。跟臉書公司一樣，**建築空間用來鼓勵人員打破穀倉**。此外，像臉書公司的黑客廣場那樣，空橋常促成精采互動，功效不亞於正式會議。莫迪克說：「你本來是走去做某件事情，結果卻碰到別人並聊了起來。在院內走動有時很花時間，但你能獲得想法與消息，完全沒有浪費時間。」

讓病患滿意，降低成本，還能縮短轉診時間

二〇一三年年底，寇斯葛洛夫獲得令人振奮的成果。《美國新聞與世界報導》有一則患者滿意度調查報告指出，克里夫蘭臨床醫學中心的患者滿意度在全美首屈一指。十年前，當寇斯葛洛夫在哈佛商學院遭質疑不夠有同理心之際，克里夫蘭臨床醫學中心的患者滿意度在全美敬陪末座，但經過寇斯葛洛夫接掌的這十年，表現可謂突飛猛進。到了二〇一二年，克里夫蘭臨床醫學中心的患者觀感度在全美時常名列前茅[70]。

此外，還有其他好消息。放眼《美國新聞與世界報導》的大多數醫療技術評比，克里夫蘭臨床醫學中心都列在前三名。全國性的醫療成本評比少得驚人，但根據少數可供參考的資料，克里夫蘭臨床醫學中心的成本花費比多數競爭對手更低[71]。寇斯葛洛夫認為原因出在醫療動機。多數美國醫院採取「有功才有賞」制度，各科往往有動機盡量採取各種治療措施，導致醫療成本居高不下。畢竟他們的薪水取決於此。

相較之下，克里夫蘭臨床醫學中心是採取固定薪資制，各科較不會採取重複的治療方式。泌尿科主任克萊說：「舉攝護腺癌為例。初期的治療方式有五種，包括監控、開放式手術、機器人手術、近接放射療法或體外放射療法。其他醫院的醫生往往推薦自己熟悉的療法，結果通常是推薦最貴的體外放射療法。但在克里夫蘭臨床醫學中心不同，我們都一起工作，所以會向病患提出所有五種療法。我們的數據是近接放射療法效果最佳，成本又低得多，所以我們通常採用近接放射療法。」

克里夫蘭臨床醫學中心的成果相當驚人，甚至獲得美國總統歐巴馬（Barack Obama）的稱許。在一場有關美國醫療照護的演講上，歐巴馬說克里夫蘭臨床醫學中心「把照顧病患而非官僚體制放在第一位」[72]。另一次，他在全國性廣播節目談到自己的醫療照顧計畫：「（今日醫療的）部分成本來自對獲利的不當追求，不見容於我們的醫療照護體系……但我們也有諸如明尼蘇達州的梅約醫學中心與俄亥俄州的克里夫蘭臨床醫學中心等醫院，他們提供極佳的醫護服務，成本花費卻相當低廉[73]。」

但不是人人都像歐巴馬那麼支持這類改革。梅約醫學中心採取類似於克里夫蘭臨床醫學中心的夥伴架構，不同之處是那裡的醫生仍採取傳統分科，不認為有改組的必要。梅約醫學中心某位資深醫師表示：「區分科別可能導致穀倉運作不良，但區分為不同中心也沒兩樣，沒必要藉此促進合作或降低成本。」

然而，寇斯葛洛夫跟他的團隊仍保持大膽與驕傲，他們認為破除傳統穀倉不僅有助採取更全面的醫療措施，也有助促進創新。舉肌肉與關節問題為例，傳統上是由風溼病學科與整形外科分別處理，但在克里夫蘭臨床醫學中心成立皮膚暨整形中心以後，整形外科醫師與風溼病學科醫師首次攜手合作，意外發現在手術後共同監控體內鈣含量能帶來更佳的成果。寇斯葛洛夫說：「整形外科醫師原先不會在做完髖關節手術後監測血液鈣含量的新陳代謝，但風溼病學科醫師建議加以監控，結果手術效果大不相同。」皮膚暨整形中心的新負責人亞柏森則說：「先前我們有病患出現骨質疏鬆導致的骨折現象，但不清楚原因。現在我們會在術後合力監控變化。」

同理，泌尿暨腎臟中心的外科醫師與腎臟科醫師首次合作，探討新陳代謝平衡狀況如何影響腎結石的形成，試圖開發其他對抗腎結石與相關癌症的非手術（且便宜）方法[74]。克萊說：「多數早期腎臟癌患者是由泌尿科醫師負責，但現在我們一起討論這類案例，想出一套切除部分而非全部腎臟的手術方式。」心血管中心負責人李透說：「我們尚未破除所有穀倉，但做法已跟先前不同。我們有碰到問題嗎？有啊，一直都有！但我們有一套解決問題的機制。每週二上午部門主任跟我一起開會，合力處理問題。」

急救中心的改變最為驚人。多數美國醫院的急診部門必須獲得某科醫師的同意，才能把病人轉至該科，因而延誤治療速度，但各科醫師仍堅守這個程序，畢竟他們的收入受此影響。然而到了二〇一二年，克里夫蘭臨床醫學中心顛覆這套系統，把決定權交給急救中心醫師，甚至救護車上的醫師或醫護人員。這項改變帶有爭議。

急救中心醫師布雷德福．波登（Bradford Bordon）回憶說：「我們多年來渴望這個改變，但不認為會有實現的一天！」不過新系統的運作狀況不見得總如預期。波登說：「根據我們的研究，我們把急症病患轉到其他中心的正確率是九三％，但如果轉錯的話，隔天早上就會修正。」這項改變的成果顯而易見。二〇一二年以前，急診部門平均要花二小時四十分鐘才能把病患轉到別科，但到了二〇一三年春季，時間縮短為二小時。另一位急救中心醫師波多斯基說：「這裡的改變不只在運作層面，也在文化層面。不是一夜之間就變了，但正在逐漸改變。」

這項實驗能推廣出去嗎？能複製到其他地方嗎？克里夫蘭臨床醫學中心的醫生自己也時常這麼問，但沒有明確答案。他們知道這項實驗享有天時地利人和，畢竟克里夫蘭臨床醫學中心向來強調合作精神，不同於美國的其他醫院。此外，克里夫蘭臨床醫學中心也較有實驗精神。李透說：「薪資影響重大。固定薪資系統是我們能打破穀倉的一個原因，採取按件計費的醫院則很難。長年傳統與慣例只在不得不時才會改變。哈佛不必改變，哈佛就是哈佛，具有悠久歷史，還是世上募款能力最強的名校。但我們是一間不太賺錢的醫院，位於人口逐漸減少的夕陽工業城，不得不做得更好，並發揮創意。」

不過他們檢視整個改革歷程，認為一大重點在於證明反思分類系統的重要性。當企業或政府部門高層鼓勵人員重新想像世界，例如：從消費者而非製造者的角度切入，他們往往會更有創意與效率。如果記者根據讀者（而非記者自己）看世界的角度重組工作，媒體產業會有何改變？如果製造業者根據顧客（而非銷售或設計人員）的想法重組部門，他們還會生產目前這些產品嗎？換言之，重點在於改變觀看生意程序或服務的角度，改成由下而上，改成由後往前，藉此開創新局。

或者新局也能源自每個人員願意大膽行事，即使結果不明也在所不惜。神經醫療中心負責人莫迪克說：「幾年前，我們認為克里夫蘭臨床醫學中心可以發展顧問業務，也就是把我們的醫療模式推廣出去，但之後我們發覺這是個爛點子。重點在於你無法靠購買我們的系統來破除穀倉，而是必須靠自己從頭打造，利用打造新系統的過程與對話才能促成真正的改變。」

第8章

打破桶子：如何靠破除穀倉帶來獲利

「此人之失，彼人之得。」

二〇一二年五月十一日，紐約股市剛收盤結束，摩根大通執行長傑米．戴蒙（Jamie Dimon）跟投資分析員展開臨時電話會議。數週以來，外界盛傳摩根大通的倫敦交易員在信用衍生市場投資失利並虧損嚴重。這令許多人意外，畢竟正如一篇參議院報告所言，摩根大通「向來以精於風險管理自詡」[1]。二〇〇七到二〇〇八年的金融海嘯期間，摩根大通比多數競爭對手表現更佳，戴蒙在華爾街備受尊崇，大家認為他是個控制狂，致力於監控摩根大通所有涉及的風險。虧損的謠言出現時，戴蒙只斥為是「茶壺裡的風暴」。

然而五月十一日那天，戴蒙不得不一百八十度大轉彎，發表一段簡短聲明，坦承摩根大通虧損數十億美元，禍首是包括布魯諾．伊克席（Bruno Iksil）在內的一組交易員。他們隸屬於公司裡的「主要投資部」，默默無名的伊克席陸續大膽投資信用市場，以多家歐美公司為投資標的，但他並未購買這些公司發行的債券，甚至也不是購買這些公司債的衍生性商品，而是投資一個稱為「ＩＧ９」的指數。

ＩＧ９指數算是一種「信用違約交換」（credit default swap，簡稱ＣＤＳ）的衍生性金融商品，鎖定一百二十五家美國投資級企業的公司債，包括梅西百貨、沃爾瑪超市、富國銀行與債券保險龍頭ＭＢＩＡ等。此外，伊克席也大膽投資針對歐洲公司的類似商品。這類商品原本處於金融世界的一隅，但伊克席和主要投資部的其他同仁為此投入極大量資金，並得到「倫敦鯨」（London Whale）的稱號。當價格反轉，他們的損失金額至少高達六十二億美元[2]。

消息爆發後，摩根大通內外都出現高聲譴責。從許多方面來看，這起事件跟瑞銀集團與花旗集團等金融巨擘在金融海嘯期間的問題如出一轍。如同第三章所述，當時交易員形同各自躲在穀倉裡工作，所操作的金融商品複雜到外人難以理解，結果瑞銀集團等銀行的高層並未發現抵押債務債券的問題。這一回的衍生性金融商品是在投資公司，不是在投資次級房貸，但跟瑞銀集團那次有類似的問題，即很少人知道其中牽涉的風險程度，反倒以為相當安全，風險早已規避。摩根大通的主要投資部相當封閉，跟投資銀行等其他部門大致分開，全於IG9指數在外人（甚至主流金融業者）看來如同高深莫測的專業術語，穀倉的詛咒也就再次出現[3、4]。

倫敦鯨事件引起隆隆砲聲之際，還有另一個層面較未引起關注，也就是是誰站在摩根大通這些交易的另一邊。金融市場上有一句流傳已久的名言，那就是交易屬於零和遊戲，只要有人虧錢，就會有人賺錢。由於盈虧得失可能是在數年間分散於整個系統，誰贏誰輸通常很難知曉，但摩根大通這次的交易（後來由銀行業者與政府官員稱為「鯨魚交易」）[5]則找得到贏家。其中一個贏家是資金達二百億美元的藍山對沖基金。在伊克席的鯨魚交易爆發之前那幾個月，藍山對沖基金悄悄站在另外一邊，採取相反方向的操作。起先藍山對沖基金面臨投資損失，但當市場在二〇一二年春季反轉之後，他們開始獲利，後來更受邀協助摩根大通販賣其損失部位，據估計最後總共賺進三億美元。

外界知曉此事以後，大多認為原因在於藍山對沖基金巧妙運用專業判斷扳倒摩根大通，尤其藍山對沖基金的許多交易員曾在摩根大通的前身「JP摩根」工作，連藍山對沖基金的共同創辦人安德魯．費德斯坦（Andrew Feldstein）也待過JP摩根，在一九九〇年代負責投入信用衍生性市場的業務[6]。此外，費德斯坦旗下的交易員對IG9指數知之甚詳，也對信用衍生性商品的計價方式瞭若指掌。

然而，這個故事還有第二個罕為人知的精采部分。藍山對沖基金的成功不只在於旗下交易員深諳信用衍生性商品[7]，而且在於他們相當關注穀倉，或者套用費德斯坦的講法，是相當關注「桶子」。費德斯坦仔細研究華爾街金融巨擘的團隊運作與交易模式，做為建立藍山對沖基金的依據，設法從大銀行式分類系統的缺點裡得利。他研究得非常透澈深入，如同人類學家在研究親屬關係或宗教儀式，只是他跟同仁不只是受抽象的求知精神所驅使，還認為金融世界的穀倉往往會扭曲市場與價格，因此他們有機會從中賺取利益。鑽研分類系統與穀倉是他們交易策略的一環，而且往往獲利頗豐，跟鯨魚交易反向而行就屬一例。

某方面而言，這不令人意外。如果你鑽研多數成功投資人的買賣策略，往往會發現他們擅長跳脫疆界與破除穀倉。組織理論家約翰·史立·布朗（John Seely Brown）指出：「要創新往往得關注邊界，要洞悉嶄新的機會與挑戰也是如此[8]。」企業人員跳脫邊界時，往往能發揮創意。金融世界亦然，**當交易員任目光遊走於不同市場、資產與企業，質疑一般界線，往往能取得可觀獲利**。雖然藍山對沖基金的故事並不罕見，也不必然是最成功的例子，卻相當值得探究，背後藏有更大的啟示。在本書的第一部分，我闡述穀倉如何讓機構內部人員做出蠢事。在前三章，我說明個人與組織如何避免穀倉的弊病。

然而，我們不只能被動地打破穀倉，還能主動地善用穀倉。**如果個人懂得反思自己社會裡的分類系統，則能獲得競爭優勢；如果某個組織受穀倉拖累，其他組織能趁勢而起**。舉索尼為例，索尼內部並未以合作方式開發數位版的隨身聽，結果讓蘋果公司憑 iPod 稱霸市場。這類故事在商場隨處可見，在金融世界也俯拾皆是。換言之，藍山對沖基金的故事跟瑞銀集團與英格蘭銀行恰成對比，令人歡欣鼓舞。在鯨魚交易醜聞爆發後不久，費德斯坦指出：「我們喜愛穀倉。或者起碼能說我們喜愛別人的穀倉，並從中賺進金錢。」

檢視整個金融體系，找出最佳買賣機會

藍山對沖基金的故事一向跟華爾街金融巨獸密不可分。藍山對沖基金與許多其他對沖基金一樣，採取跟大型銀行相反的操作模式，雙方形同一陰與一陽。二〇〇一年，費德斯坦跟哈佛法學院老友兼同學的史蒂芬・賽德羅（Stephen Siderow）創立一家小型金融公司，也就是藍山對沖基金的前身。當年費德斯坦是三十八歲，賽德羅是三十六歲，費德斯坦先前在ＪＰ摩根任職十年，首先負責開發信用衍生性商品（亦即供投資人打賭貸款履行狀況的證券），後來升任資深主管。

時間拉回一九九〇年代，如同我在另一本著作所言[9]，ＪＰ摩根懂得讓員工發揮創意，至少費德斯坦這種年輕新秀很能一展長才，多數員工長時間待在公司，資淺員工時常在不同部門之間輪調，因此ＪＰ摩根擁有比多數銀行更團結緊密的企業文化，尤其彼得・漢考克（Peter Hancock）等高階主管以創新管理實驗自豪，力求營造一種講究團結合作與破除穀倉的企業文化（漢考克後來在二〇一四年跳槽到美國國際集團擔任執行長）。

然而，二十一世紀初期，ＪＰ摩根的企業文化變了。二〇〇〇年，ＪＰ摩根與大通曼哈頓銀行合併為摩根大通，變得更龐大與官僚，內鬥隨之增加。儘管摩根大通不像花旗集團

或瑞銀集團那麼過度分工與運作不良，原屬JP摩根的信用衍生性商品團隊裡卻有許多人員感到不滿，漢考克身邊的人員尤其如此。

二〇〇一年，費德斯坦離開摩根大通，跟麥肯錫公司前管理顧問賽德羅聯手創立一家小型對沖基金，擠在曼哈頓中城一間沒有窗戶的小辦公室。藍山對沖基金採取自由靈活的作風，組織架構扁平而隨興，正如當年草創於東京廢棄百貨公司地下室的索尼，也如早期由祖克柏租下帕羅奧圖某間便宜房子當作辦公地點時的臉書。

藍山對沖基金的所有人員坐在一起，無論交換點子或集思廣益都很容易。可是費德斯坦沒有把這種團結緊密的企業文化視為理所當然。他在JP摩根任職多年，清楚知道一旦組織變大就容易陷入官僚體系與過度分工，人員容易做出愚蠢舉動，投入不合理的交易買賣。更準確地說，大型銀行的內部穀倉會提供負面誘因，鼓勵交易員做出某些交易，而這類交易從微觀角度來看很合理（符合個別部門的利益），從巨觀角度來看卻很愚蠢（不符全公司的利益）。

費德斯坦有時從社會科學的角度切入這個問題。他成長於亞利桑那州，父親是泌尿科醫生，大學時主修經濟，後來就讀哈佛法學院，跟美國總統歐巴馬是同學，學業表現優秀，思維精準清晰，具備扎實的計量數學技巧。但除此之外，他也對文化與社會系統起了興趣。他向同仁談到市場時，不只觸及數學模型與法條規章，更把市場當成各種文化模式，背後有一個更大的生態系統。他著迷於錯綜複雜的社會問題，後來甚至成為新墨西哥州聖塔菲機構的負責人，帶領這個跨學科機構探討複雜系統下的科學。這機構最初是由物理學家創辦，現在卻由人類學家掌管。他格外感興趣的是人類如何利用分類系統來組織世界——並特別關注錯誤的分類系統。

人類學研究往往指出我們對世界的分類方法從未真正吻合現實環境。我們也許能畫出整整齊齊的親屬關係圖或家族樹狀圖，其中卻往往涵蓋重複、空缺與模糊之處。界線總有例外。常規認為我們應該怎麼做是一回事，實際行為又是另一回事。我們通常忽略亂七八糟的現實，覺得與其不斷重新修正分類系統，不如睜一隻眼，閉一隻眼，無論親屬關係、宗教信仰、家庭生活或任何方面都是如此。

然而，費德斯坦認為**理想與現實之間的混亂鴻溝至關重要**。他環顧金融體系，發覺銀行或市場的許多地方並不完全符合既定分類或官僚架構，但多數銀行業者視而不見，也很少從宏觀角度檢視金融世界。如同我在第三章探討瑞銀集團時所述，由於養成訓練與獎勵制度使然，大型銀行人員往往只關注自己面前的一小塊地方（他們的薪資也多半取決於此）。可是費德斯坦不同，他跟許多精明的對沖基金交易員都會檢視整個金融體系，見樹更見林。他不只關注布赫迪厄筆下的「舞者」，也關注「旁觀者」（或曰大家並未討論的空缺之處），認為這往往有助找出最佳的買賣機會。

藍山對沖基金首次把這類分析化為實際策略是針對特定的抵押債務債券，設法靠瑞銀集團等銀行從二十一世紀初開始投入的這種金融商品加以獲利。如同第三章所述，各銀行通常由特定部門負責這些金融商品，結果陷入穀倉窠臼，受不同規則限制。有些銀行允許專責人員交易整套貸款與衍生性商品（例如：完整的抵押債務債券），但不能拆開為個別的衍生性商品、債券或貸款；有些銀行允許專責人員交易個別的衍生性商品、債券或貸款，但不能碰整套的抵押債務債券。同理，有些銀行允許專責人員購買AAA級資產，有些銀行則允許專責人員購買其他等級的資產。這就如同服飾店，有些只能賣整套服裝，有些只能把夾克與褲子分開販售。由於這些嚴格規定，業者對不同種類金融資產的需求並不均等，市場並不開放、自由與一致，價格遭受扭曲。

此外，每家銀行是採取不同的內部數學模型，藉此衡量抵押債務債券或其不同「部分」的價格，結果同一個金融商品在不同業者（或穀倉）眼中的價格可能天差地別。金融理論指出，銀行業者把各種債券與信用衍生性商品包裝在一起時，整套商品的價格該反映個別部分的價格，抵押債務債券不同部分的總和該接近整個抵押債務債券的價格，然而事實上，由於獎勵與穀倉造成的扭曲，整個抵押債務債券的價格往往跟各部分脫鉤，至少有時如此。

費德斯坦的團隊試著分析金融系統的不同模式與獎勵機制，探討這些差異如何影響價格，找出價格似乎遭扭曲的金融商品，藉此達成買低賣高的目標。有時他們運用近乎孩子氣的簡單策略就達成目標，買賣不同交易對手的不同債務；有時他們則得運用複雜許多的策略。比方說，他們靠賣出少量債務來測試特定種類的衍生性商品、債券或貸款的市場價格，接著開發抵押債務債券或別種信用衍生性商品來迎合市場需求，如果接下來發現需求有變動，則轉為販賣其他抵押債務債券部分。

無論是哪種情況，他們想從價格不一致現象設法得利時，傾向於認為金融引力（或曰經濟邏輯）終將獲勝。不同商品的價格也許一時之間受穀倉扭曲，但最後多半能回歸基本面，反映實際價值。藍山對沖基金的交易員認為重點是買下價格遭扭曲的債務，趁市場自行修正時獲利了結。這不算是多麼炫目厲害的策略。其他對沖基金有時會對經濟、貨幣或企業的走向大膽下注，例如：喬治・索羅斯旗下的對沖基金在一九九〇年大膽認為英鎊會貶值，並在預測成真後賺進大筆金錢。

二〇〇七年金融海嘯席捲之前，比爾・艾克曼（Bill Ackman）的潘興廣場對沖基金（Pershing Square Fund）也做過這類大膽操作，認為ＭＢＩＡ等保險公司的價值遭到錯估，結果證明他們判斷正確。另一位基金經理人約翰．波爾森（John Paulson）在二〇〇七年以前成功預估次級房貸市場的崩毀。

然而，藍山對沖基金的做法跟這些基金截然不同，並未對經濟或企業的走向大膽下注，只是設法預估不同信用風險的連動關係。費德斯坦不在乎市場是下跌或上揚，他底下的交易員也不會關注特定企業是否可能倒閉。反之，他們**關注不同證券之間價格不一致的情況**。這類買賣很講技術，往往不易操作。費德斯坦解釋說：「如果價格出現不一致，我們就有機可乘[1]。」不過如同交易員喜歡說的那樣，由於這種操作既困難又重技術，因此「競爭者寡」。或者簡單地說，較少對沖基金採取這種操作，因此費德斯坦更容易藉此獲利。

費德斯坦跟同仁有時好奇銀行自己為什麼不依據這種價差從事操作。銀行業者通常十分聰明，大多能看見自身規則裡的異常之處，但他們困在系統裡，也困在扭曲的獎勵機制裡。交易員只在乎能否增加自己團隊（或穀倉）的獲利，不在乎整個銀行或系統。傳統金融理論或正統經濟學通常不太從小處關注獎勵機制或社會結構。主流經濟學家認為市場甚有效率，而數學模型幾乎能解釋一切。然而事實上，銀行內部複雜的社會結構幾乎影響到所有資產的

[1] 費德斯坦的首要買賣策略是分析抵押債務債券不同部分的市價變動，而這些變動反映信評機構對不同部分的評等。

價格，甚至影響銀行業者運用數學模型的方式，雖然數學模型本應舉世通用，不受文化偏見左右。

社會模式的影響相當驚人。比方說，在二十一世紀的前十年，愛丁堡大學社會學教授唐納・麥肯其（Donald MacKenzie）展開一項研究，探討銀行業者用來評估複雜金融商品價格的數學模型。照理說，不同銀行或資產類別的模型應相去不遠，畢竟數字就是數字，理應放諸四海皆準。然而，麥肯其發現各銀行以模型衡量資產價值的方式竟然天差地別，甚至對相近類別的資產也是如此。比方說，從事房貸衍生抵押債務債券的銀行業者用模型做出一套結果，從事資產衍生證券的業者用模型卻做出另一套結果，麥肯其說：「同一個商品或風險出現不同評估結果，因此業者（有時）可能把某個商品或風險賣給甲方，卻從乙方以比較便宜的價格買進，無需承受風險就能從價差中獲利[10]。」這正是藍山對沖基金的致勝訣竅。

從別人的錯誤中獲利

到了二〇〇九年，藍山對沖基金已迅速成長茁壯，只好另覓辦公地點，離開連窗戶都沒有的狹小辦公室，搬進公園大道上一棟耀眼大樓的亮麗辦公室。恰巧的是，或者說諷刺的是，這個地點跟摩根大通總部只有幾步之遙。另外，也跟瑞銀集團的美國總部近在咫尺，如果你從藍山對沖基金的交易樓層往外望，甚至能看到瑞銀集團在街道另一頭的鮮紅招牌。

這幅景象甚具象徵意義：**藍山對沖基金的一大策略就是設法從瑞銀集團等大型銀行的錯誤中獲取利益**，尤其是從抵押債務債券中得利。藍山對沖基金在這方面表現出色。當參議院要求高盛列出金融危機前的主要交易對手，高盛把藍山對沖基金排在第四位，比許多大型銀行更前面[11]。當記者向賽德羅詢問藍山對沖基金的買賣策略，他回答說：「在信用市場裡，許多公司的操作限制都很寬鬆，保險公司的評等監管不嚴，對沖基金所操作資產的時間、地點、信用程度與產業種類亦無嚴格規範，（結果）市場時常受風險類型或細部好惡左右，對同一個商品有不同的價格認定，而這種錯誤認定得花些時間才會修正[12]。」

隨著時日流逝，藍山對沖基金的策略卻稍有轉變。二〇〇三到二〇〇七年，藍山對沖基金逐漸主攻信用、債券與衍生性商品的操作，此外，也有其他次要業務，例如：操作股票衍生性商品，但業界最推崇的是他們擅長操作瑞銀集團等大型銀行所推出的抵押債務債券部分，每年約獲得一〇%的利潤，雖然跟有些對沖基金相比不算亮眼，但也絕對堪稱出色。

然而，二〇〇七到二〇〇八年的金融海嘯卻造成嚴重打擊。信用市場急遽反轉，抵押債務債券突然直墜，藍山對沖基金的有些操作損失慘重，例如：旗艦商品「信用替代基金」在二〇〇八年價格下跌六％，有些投資人紛紛撤出資金。不過藍山對沖基金在隔年止跌反彈。二〇〇九年，信用替代基金上漲三七・四％[13]，重拾客戶信心，吸引更多資金。藍山對沖基金再度迅速起飛，所管理的資產到二〇〇九年年底增加至五十億美元左右。

但在後金融海嘯的世界裡，藍山對沖基金在二〇〇七年以前的操作策略不再那麼管用，至少在抵押債務債券方面是如此。瑞銀集團等大型銀行在抵押債務債券上損失慘重，對推出新產品感到興趣缺缺，「證券化」與「最高等級抵押債務債券」等名詞淪為禁忌，相關買賣大幅萎縮，憑價差獲利的機會大減。藍山對沖基金的團隊開始尋求其他獲利機會。

首先，在金融海嘯過後，有些銀行被迫以極低價格賣出債券與衍生性商品，藍山對沖基金決定趁機大量收購。比方說，法國農業信貸銀行在二〇一一年把部分投資組合賣給藍山對沖基金，金額約為一百四十億美元。這筆交易很吸引藍山對沖基金，但對法國農業信貸銀行也有好處，有助改善銀行財務狀況以符合新的監管規定[14]。藍山對沖基金歐洲分公司的執行長大衛・魯賓斯坦（David Rubenstein）說：「這是雙贏局面，我們把風險轉移到自己身上，幫助法國農業信貸銀行減少曝險程度[15]。」

接下來，藍山對沖基金在其他地方尋找信用衍生性商品的不一致現象。二〇一一年夏季，費德斯坦跟同仁發現ＩＧ９指數的價格出現異狀。在衍生性商品交易圈以外，很少投資人有多了解ＩＧ９指數，也很少投資人清楚其他歐美企業相關的各種衍生性商品，ＩＧ９指數存在的原因，是讓投資人能把風險輕鬆分散到多家美國大企業，就像有些人會購買道瓊工業指數或富時指數（ＦＴＳＥ）的相關證券。

投資人不見得要購買ＩＧ９指數商品，他們也可以購買特定公司的相關信用衍生性商品，例如：對梅西百貨或美國零售業整體有信心，就買梅西百貨或美國零售業的相關信用衍生性商品，但如果他們選擇投資ＩＧ９指數，則是一次投資一百二十五家企業，梅西百貨只占其中一家（雖然嚴格來說，從二〇〇七年ＩＧ９指數問世以來，已有四家企業破產除名，在二〇一〇年僅剩一百二十一家企業）。許多投資人覺得各自購買不同企業的相關衍生性商品比較困難，投資單一指數比較簡單，買賣起來也容易。此外，市場普遍認為ＩＧ９指數的價格大致等於裡面所有不同信用衍生性商品的均價。

然而到了二〇一一年夏季，這個認知開始瓦解。正常來說，指數價格應大致跟個別標的連動，整體價格該等於個別價格的加總結果，至少金融理論是如此宣稱。但事實上不見得如此。整個抵押債務債券的價格可能跟個別部分出現落差，指數可能跟底下衍生性商品的價格不符。二〇一一年秋季，ＩＧ９指數的落差變得異常顯著。

藍山對沖基金的交易員設法探究箇中原因，信用市場裡的有些交易員也試著分析。藍山對沖基金的交易員經過一番研究，發現摩根大通的主要投資部把大量資金投入ＩＧ９指數與其他結構性信用商品。這反映摩根大通內部重大但微妙的政策轉變。傳統上，主要投資部是摩根大通裡面一個非常無趣的部門，目標是維持公司所握資金的價值，支援財務運作。二〇〇六年，主要投資部團隊開始投資結構性信用商品，目的應為降低信用風險。

靈活運用策略，扳倒大銀行

到了二〇〇八年，他們大舉投入這類商品。起初金額還不算高，總計約四十億美元，但在二〇一一年期間，倫敦分公司的一組團隊開始大量把金錢壓在歐美企業上，總金額暴增至五百一十億美元。他們不是購買個別的衍生性商品，而是大舉投資指數商品，例如：ＩＧ９指數。年底將屆，他們的投入金額持續增加。到了二〇一二年第一季，主要投資部持有的信用衍生性商品總額高達一千五百七十億美元，其中八百四十億美元是投資美國的指數商品，剩下的是投資歐洲的指數商品。

費德斯坦跟其他人不清楚這種做法的真正理由。有些市場觀察家認為，摩根大通的主要投資部想藉資金規模優勢逼迫市場或投資人，使價格往特定方向移動，進而從中獲利。比方說，一份參議院報告後來指出，摩根大通主要投資部在二〇一一年年底「投入十億美元到一樁信用衍生性商品買賣，獲利約為四億美元」[16]。然而這些買賣反映他們一部分的特殊規定。主要投資部只能從事安全度高的買賣，因此不得大舉投資特定公司的信用衍生性商品（這不安全），但能大舉投資指數商品（這應相對安全）。事實上，主要投資部的成員往往宣稱指數商品有助避險，得以抵消可能的損失。他們購買指數商品，但不購買底下的個別部分，結果造成不一致現象，增加價格的扭曲程度。人為界線與規則再次造成市場的扭曲。

數月間，藍山對沖基金的交易員眼看價格愈來愈扭曲。在摩根大通外頭，幾乎沒人知道倫敦主要投資部的一支小團隊這般砸下大量金錢。但連在摩根大通內部知情的人，也寥寥可數。正式風險報告很少提及，公司帳目亦不列入。參議院報告指出：「（二〇一二年四月）之前這個信用投資部門並未列入摩根大通的任何公開報告[17]。」摩根大通投銀部門的有些人員懷疑主要投資部正貿然投資，鯨魚交易正造成ＩＧ9指數的價格扭曲，但他們並未插手干預。傳統上，投銀部門與主要投資部彼此敵對，而且主要投資部並不歡迎外人干預。

另外，主要投資部不認為有必要把投資內容告知其他部門，連二〇一二年年初鯨魚交易開始違反內部風險規定時也依然故我。參議院報告指出：「（結構性信用投資部門）所造成的許多違規交易照例通報給公司高層、主要投資部主管、監管人員與交易員，卻沒人要求進行深入查核……或要求立即修正，以降低風險，各個人員僅視而不見，或提高風險上限[18]。」摩根大通的這個小穀倉逐漸失控，跟瑞銀集團的狀況如出一轍。

數週過去，價格扭曲更形嚴重。二〇一一年夏季期間，藍山對沖基金決定站在鯨魚交易的另一邊，認為經濟邏輯終將重占上風，指數價格也會迅速跌回合理區間。可是到了二〇一二年一月，他們的預測依然落空，指數價格與個別衍生性商品的價格差距更形擴大，藍山對沖基金帳面上損失慘重。費德斯坦與同仁商討對策，他們不認為這種不一致現象能無限擴大，卻又對當前的發展有些摸不著頭緒，並擔心他們涉及的風險過大。因此雖然其他對沖基金也開始跟鯨魚交易對做，費德斯坦與同仁考量到他們的投入金額（與潛在損失）已堪稱巨大，決定不再繼續投入，只是緊張的作壁上觀，盼望局勢終將反轉。

接下來的數週相當緊繃。藍山對沖基金的帳面損失繼續升高，摩根大通的主要投資部持續投入更多精力與金錢。然而當春季來臨，鯨魚交易的消息突然躍上主流媒體[19]。這個金融市場的偏僻角落突然變得眾所矚目，有些投資人臨時決定跳進來跟鯨魚交易對做，結果ＩＧ９指數終於反轉，市場壓力增加，摩根大通從賺錢轉為嚴重虧損。

主要投資部一時之間還想掩蓋損失金額，不讓外頭知道，藉由改變投資部門的計算方式減少帳上損失。摩根大通的高層也試圖滅火，否認外界對損失規模的懷疑聲浪[20]。可是終究紙包不住火。大規模調查展開，涉入鯨魚交易的主要投資部人員統統遭撤職。接下來，摩根大通的風險管理人員從頭檢視帳目，旋即發現損失金額超乎任何人的猜測，共計超過六十億美元。這某方面反映醜聞消息爆發後的大幅跌價，但背後還有另一個問題：雖然各部門帳上的信用衍生性商品皆屬相同類別，但稽核人員發現主要投資部跟投銀部門對信用衍生性商品的價格估算方式不同。正如社會學教授唐納．麥肯其所言，不同銀行團隊（或曰穀倉）依不同方式評定複雜商品，即使他們該是用相同模型時也不例外[21]。

戴蒙不寒而慄，下令投銀部門接管鯨魚交易並設法處理。在金融海嘯後的監管氛圍下，摩根大通無法接受這種汙點。摩根大通投銀部門最終請藍山對沖基金出面協助，並提供高額處理費，認為這樣處理問題比較簡單，既迅速又低調，因為他們很了解費德斯坦，相信藍山對沖基金的規模大到能迅速處理掉鯨魚交易。對藍山對沖基金而言，這起交易可謂加倍美好。他們先前已靠跟鯨魚交易對做得利，現在又從摩根大通手上收到一筆處理費，這筆費用最終甚至超過先前對做的獲利。這個故事反映金融圈的此消彼漲，也凸顯對沖基金有時能憑靈活策略扳倒大型銀行。隔年，藍山對沖基金再下一城，再一次取得優勢，摩根大通投銀部門負責人傑斯．史丹利（Jes Staley）原先是繼任戴蒙的可能人選，卻選擇離開摩根大通，投靠藍山對沖基金的陣營，跟費德斯坦並肩作戰。

不預設投資商品，從基本角度檢視相對價格

藍山對沖基金團隊逐漸切入其他金融領域，尋找遭人為僵化界線所扭曲的價格，繼續發揮打破穀倉的優勢。比方說，他們日漸關注企業如何把現金流分做不同資產類型，例如：股票、債券與貸款。由於股票從根本上跟債券不同，銀行或投資公司通常把這種分類視為理所當然，甚至無法避免，往往找全然不同的團隊負責處理相異商品。然而費德斯坦與賽德羅好奇如果跳脫界線會有什麼結果？如果揚棄一般用來分析股票與債券的個別模式，把兩者一併分析，是否會有不同的投資方式？是否有可能綜觀整個「資本結構」（capital structure，銀行業者通常用這個詞指稱企業資金的所有來源）？

有些銀行已試著這樣結合不同分類。時間拉回二十一世紀初期，美林證券的證券分析部門負責人坎迪絲．勃朗寧（Candace Browning）宣布說，她想打破長年來的傳統做法，不再

區別股市與債券的分析人員，轉為要求約五百名出頭的分析人員彼此合作。她解釋說：「我們原本在各自的穀倉裡工作，但我想加以改變。（我想）如果我們統統開始彼此交流與共享資源，我們不僅能工作得更有效率，還能推出更好的商品，大家更有向心力[22]。」但轉換公司債團隊的分析師耶爾・德布拉（Yaw Debrah）則說：「在美林證券，還有也許在其他大型投資公司……股票團隊歸股票團隊，債務團隊歸債務團隊，衍生性商品團隊歸衍生性商品團隊，諸如此類。由於合作不易，很少人在做跨資產類別的研究[23]。」

二〇〇五年，美林證券的研究團隊發表許多有關美國汽車與電纜產業的分析報告，結合股票與債券的專業研究，可謂一項創舉。有些團隊開始天天合作。倫敦的一支團隊推出他們所謂的「債股報告」，一併探討高收益債券、衍生性商品與股票的價格。由於當時歐洲市場盛行槓桿購併，企業的債券與股票出現反常波動，這份報告很受對沖基金公司的歡迎。團隊裡的年輕分析師喬恩・古納・喬森（Jon Gunnar Jonsson）說：「由於這種（槓桿購併）很盛行，大家在賣股票與債券，我們公司裡的交易員與研究員開始彼此協助。以信用違約交換為例，我們開始建立一套體系，以期協力探討一家公司在股票與債券（或信用違約交換）的不合理價差。傳統金融理論幾乎派不上用場，所以我們得從頭自行摸索。」

然而，這些合作計畫不久即以失敗收場。不同分析人員各有專精的領域，溝通起來十分耗時，解釋各自的想法概念與研究方法也同樣費事。美林證券的股票研究負責人麥可・赫齊格（Michael Herzig）說：「許多聰明的股票分析員不太了解債券，他們光是顧好股票這一塊就好，不必花多少工夫接觸其他領域。他們能知道債券的評等，知道債務的金額，但有辦法了解底下商品的複雜內容嗎[24]？」心理隔閡與實際隔閡兩相加乘。股票分析員強納生・阿諾德（Jonathan Arnold）說：「如果對方跟你在不同樓層，要持續合作真是難上加難。我旁邊坐的是零售業分析員，門外坐的是航運業分析員，（但）債務分析員是在另一個樓層[25]。」

不過合作的最大阻礙是薪資結構。紅利獎金取決於各商品團隊的表現優劣，各分析員只有誘因去從事自己負責的那類交易。此外，銀行的客戶也深陷穀倉，退休基金就屬一例。理論上，美林證券的分析人員有理由彼此合作；實際上，他們大多沒有動機長期攜手。

然而費德斯坦與賽德羅認為（或曰希望），正是因為銀行的內部穀倉根深柢固，他們也許有機會反其道而行。自草創以來，藍山對沖基金僱有不同研究員與投資管理人，各自擅長債券、貸款、信用衍生性商品與股票衍生性商品等，但從二〇一〇年起，藍山對沖基金決定集中更多火力投入股票交易，開始招聘股票專家，要求他們跟信用團隊共事，交換對買賣策略與投資機會的想法。藍山對沖基金的信用投資經理瑪莉娜・魯托法（Marina Lutova）說：「我們讓大家待在同一間辦公室，彼此集思廣益，做出更好的研究，提出更多的點子。」坐在她附近的股票投資經理大衛．洛魯博（David Zorub）說：「重點是找出單從股票或信用角度看不太到的投資機會。我們並不預設要投資股票、債券或貸款，反正就從基本角度檢視相對價格。」

為了加強合作成效，藍山對沖基金的管理階層要求所有投資點子都存進一個共同資料庫，而且交易員與分析員的報酬主要不只取決於他們個人的投資績效，也取決於整個團隊和公司的績效。這種合作系統跟多數銀行與對沖基金採用的「有功才有賞」機制大相逕庭。費德斯坦解釋說：「我們具有獨特的企業文化，不是人人都能適應良好。想來這裡工作的人，必須知道我們很強調團隊合作。」

改變投資角度，讓獲利翻倍

其中一個協力打破穀倉的例子跟投資漢佰公司（Hanesbrands）有關。漢佰公司的總部位於北卡羅萊納州，根據官網的說法是在生產「每日必穿品」，白話點講也就是內衣，旗下品牌包括神奇胸罩、普雷克斯、冠軍運動服飾、媚登峰內衣和吉爾運動用品等。漢佰公司的官網說：「我們是全美國賣出最多女用內衣、男用內衣、襪子、塑身內衣與T恤的公司[26]。」五分之四的美國家庭裡至少有一項漢佰公司的產品。

二〇一一年，漢佰公司吸引到信用投資經理魯托法的目光。她認為漢佰公司屬於交易員口中的「潛在走空債券」，其債券價格在未來可能下跌，值得設法從中獲利。她的其中一個判斷依據是漢佰公司的貸款金額甚高，債券價格顯得相對偏高。債券投資人通常相當留意一間公司的債務狀況（以便知道錢是否拿得回來），這種高槓桿做法形同一記警鐘。雪上加霜的是，近期棉花價格上漲，抬高許多內衣產品的生產成本，漢佰公司的利潤隨之下降，而且由於吉爾登服飾公司（Gildan）逐步瓜分T恤市場，漢佰公司的T恤銷量格外蒙上陰影。這兩點會影響債券投資人密切關注的另一項要素，也就是漢佰公司的現金流。

魯托法著手分析漢佰公司的債券是否會下跌。她找藍山對沖基金的資深零售業分析師艾咪．道格拉（Ami Dogra）合作，聯手深入研究，原本的想法卻逐漸轉變。多數分析人員會把漢佰公司歸類為「採槓桿經營的週期性零售商」，背負大筆債務，生意好壞則隨整體經濟循環而上下波動。他們有了這種假定，於是拿漢佰公司跟同屬此類的公司互相比較，判斷是否值得投資。當一間公司歸類進投資世界的某個心理箱子以後，投資人往往不會再提出質疑，讓分類系統保持固定不動。

然而當道格拉仔細檢視漢佰公司以後，她開始質疑一般的分類方式，認為漢佰公司不是「採槓桿經營的週期性零售商」，而是「穩定性消費者產品零售商」，畢竟漢佰公司是美國內衣市場的龍頭老大，在許多內衣與服飾品項的市占率都數一數二。此外，消費者購買內衣的頻率大致穩定，不受經濟循環影響，漢佰公司的獲利與現金流相對穩定，跟時裝品牌等週期性零售商並不相同。雖然現金流與利潤受到棉花價格上漲所影響，道格拉認為漢佰公司能把增加的成本轉嫁給消費者，並藉由刪減營運資金來增加現金流。

道格拉考量這些要素，計算出漢佰公司很快就能每年獲得超過四億美元的現金流，顯然是個相當好的投資標的，尤其漢佰公司正計算刪減資金預算並退出T恤市場。更有利的是，雖然漢佰公司有大筆貸款，但公司高層承諾將大幅清償，讓債務從稅息折舊及攤銷前利潤（簡稱EBITDA）的三．六倍降至兩倍，利潤將提高一八％。魯托法與道格拉回心轉意，她們不再看空漢佰公司的債券，反而決定做多。

這個結論仍牽涉一個重要問題：該怎麼做？購買債券是一個顯而易見的選項，但魯托法不認為這是高明之舉，畢竟根據債券的設計方式，投資人很難從債券的漲價中得利。那麼改買股票呢？一般而言，像魯托法這種信用投資經理不會選擇改買股票，但她決定向股票投資經理洛魯博請益。洛魯博原本已投資吉爾登服飾公司，也就是從漢佰公司手裡搶走T恤市場的那家公司，而且他的團隊也知道棉花市場的價格變化，因此他對投資漢佰公司一事抱持懷疑態度，並特別指出漢佰公司的高額債務和利潤跌勢，但魯托法與道格拉向他解釋說，如果把漢佰公司當作穩定性消費者產品零售商，並從信用投資而非股票投資的角度分析其現金流，想法會大幅改觀。

洛魯博的團隊跟她們交流意見，加以測試。考量到棉花價格的變化，漢佰公司是否仍能重返原本的獲利狀況？消費者是否能接受價格的調升？現金流與債務會有什麼變化？最後洛魯博同意漢佰公司擁有堪稱穩定的現金流，應歸類為穩定性消費者產品零售商，而不是採槓桿經營的週期性零售商。這個結論大幅影響他們如何判定漢佰公司的合理股價，原因是消費者產品零售商的股票往往較有價值，跟利潤相關，勝過風險程度高的週期性零售商。他們分析漢佰公司未來的獲利狀況，再考量到漢佰公司將大量清償債務，認為合理股價應為目前的兩倍。

他們把想法付諸實行。二〇一二年年初，魯托法與洛魯博賭上分析的結果，開始大量買進漢佰公司的股票。到了二〇一三年夏季，股價確實翻倍，一如他們所料。魯托法說：「那次操作獲利頗豐。」洛魯博則說：「要不是藍山對沖基金鼓勵合作，我們不會從事這次的投資。合作是這次投資的源頭。」

跳脫界線的死板，就能從中得利

二〇一四年二月五日，藍山對沖基金在紐約的外交關係協會大樓舉辦會議，約有一百名投資人出席。這個開會地點很優雅華麗，旁邊就是蔥鬱雍容的公園大道，會議室古雅大度。可是藍山對沖基金的主辦團隊不想讓會場只有平凡常見的深色木板與布幔，他們把許多銀色大桶子對半鋸開，裝飾在會場的牆上，一個一個在聚光燈下閃閃發亮，簡直能直接搬進現代美術館。

費德斯坦指著大銀桶向觀眾說：「我們藍山對沖基金一心打破『桶子』。金融系統分成許多桶子，而且往往是非常人為的，但我們想加以打破。」賽德羅就在一旁，先前擔任摩根大通投銀部門負責人的傑斯．史丹利也在臺上。觀眾洗耳恭聽，費德斯坦、史丹利與賽德羅解釋著藍山對沖基金的企業哲學與投資方式。他們提起對漢佰公司的投資，接著分析人員說明如何結合股票與債務分析，進而決定投資NGD能源公司、瓦萊羅能源公司、伊士曼柯達公司、利盟印表機公司，還有斯克里普斯出版暨電視公司等。這些投資並非每一件都像對漢佰公司或鯨魚交易般成功，有些甚至幾無獲利，但背後方向一清二楚。費德斯坦說：「金融系統分成許多桶子，而且往往是非常人為的，但我們想加以打破。」

觀眾洗耳恭聽，有些似乎大為佩服。到了二〇一四年，藍山對沖基金的這種做法在別處開枝散葉。在世界的其他角落，紐西蘭退休基金（一支主權基金）與新加坡政府投資公司（亦屬主權基金）開始結合債券與股票分析，改變組織架構與投資方式，加拿大退休金計畫投資局也有志一同。這些大型主權基金跳出來以後，其他小型基金紛紛起了興趣。

然而外交關係協會大樓那場會議裡的有些投資人並未感到佩服，只是瞪著閃爍寒光的大銀桶，或是緊張不安，或是困惑不解。這些投資人多半來自傳統的資產管理機構，例如：退休基金、小型基金會或地方政府，他們跟大型銀行的人員一樣，活在官僚世界裡，面對清清楚楚的投資規定，想替交易與企業貼上準確而熟悉的標籤。當他們考慮該投資哪家對沖基金的時候，他們往往會拿類似基金加以比較，要是沒有清楚熟悉的界線與分類就無所適從。藍山對沖基金的打破桶子做法，令他們手足無措。

在場的一位退休基金經理人說：「聽起來統統很厲害，但實行得如何就有點難說了。」費德斯坦也坦承：「他們不知道該怎麼界定我們，因為我們跟他們所預期的不符。他們問說我們是不是債券型基金，還是股票型基金，還是其他哪種基金。我們試著解釋投資策略，有些人卻如同鴨子聽雷。」

某方面而言，這對藍山對沖基金是一個問題。正因為打破穀倉的做法很少見，藍山對沖基金有時很難吸引到所預期的新客戶數量。在穀倉處處的世界，合乎尋常分類的基金比較容易吸引投資人，潛在客戶也許會對新奇理論拍手叫好，卻不見得願意放膽投入。可是換個角度來看，這種格格不入也是藍山對沖基金的成功祕訣。金融系統其他地方的穀倉愈是根深柢固，確實願意挑戰人為界線的公司就有愈多機會。由於公司內部的不同金融團隊或是受特定誘因所囿，或僅是沒有彼此溝通討論與交換資訊，因此市場上一再出現價格扭曲的現象。**組織界線會死板僵化，但金錢可不會，於是賺錢良機不斷出現，不僅藍山對沖基金能從中得利，任何懂得綜觀整個系統的聰明投資人都能如此。更準確地說，任何金融業者只要不僅檢視數據與報表，還懂得從社會模式（或曰穀倉）的角度觀察金融體系，統統都能從中得利。**

結語

像人類學家一樣看世界，換你主宰穀倉

「真正的發現之旅不在尋訪新景點，而在擁有新視野。」

——法國大文豪馬塞爾・普魯斯特（Marcel Proust）[1]

二〇一四年下旬，我準備寫完本書之際，跟在紐約彭博市府進行大數據實驗的麥可・福勞爾斯再次碰面。那時他的人生已有許多新發展。那年年初，彭博做完市長任期，由比爾・白思豪（Bill de Blasio）接任，市府高層大換血，福勞爾斯出來尋求新天地。我跟福勞爾斯坐在曼哈頓一間平價義大利咖啡館，他告訴我說他正在紐約大學教資料科學與政府運作。他喜歡把這想成另一種破除穀倉的行動，在公部門與學術界的鴻溝之間搭起一座橋梁。他也參與公開資料新創公司 Enigma，也向其他有意打破穀倉的政府官員提供建議。在我們會面過後不久，他飛往巴黎跟法國官員合作。

福勞爾斯有許多打破穀倉的經歷能告訴學生與法國官員等，例如：紐約市府如何促使餐廳少倒廢油，還有如何減少民宅火警，但他最喜歡的故事是跟救護車有關。在他剛加入市府團隊後，衛生局發現救護人員趕赴急救現場的所需時間差異很大，於是他要求旗下團隊加以研究，結果他們發現一個出乎意料的事實：在紐約跟美國多數地區，911緊急電話的處理過程至少涉及六個不同官僚系統。沒人試著整合不同系統的資料，也就無法有效檢視整個運作過程，更遑論加以監控。其中一名團隊成員蘿倫・塔布特設法整合資料，經過一段漫長努力以後，開發出一套中央監控系統，促使相關單位改變緊急電話的處理程序，使得救護車的出動時間大幅縮短[2]。

福勞爾斯解釋說：「這類事情讓我的工作充滿意義。**我們不見得需要大改變，只需要把資料整合起來，加以思考。**」

我聽他娓娓道來，明白這就是本書的重點。**多數人擔心世界正受穀倉所困，也許沒有把穀倉這字眼掛在嘴邊，卻時時碰到穀倉的問題，例如：官僚部門之間缺乏溝通；公司內部團隊明爭暗鬥，把資訊扣在自己手上；放眼社會，富人、窮人、不同種族與不同政治團體活在各自的世界裡**。科技該有助消弭這些界線，網路理應牽繫起我們大家。然而社群網站無法自動辦到這一點，甚至很不容易辦到。**穀倉也存在於網路空間**。我們活在一個高度依存的世界，卻時常對周遭事物一無所知。

因此我們面臨一個問題：該怎麼辦？我們無法完全捨棄穀倉，就像現代生活離不開電力。二十一世紀的世界無比複雜專業，大量資訊氾濫，我們得靠專業人員從中建立秩序。如果每位臉書員工都在寫相同的程式，臉書公司早已不復存在。自主與專責有時實屬必要。同理，如果克里夫蘭臨床醫學中心的每位人員都想救治同一個病患，整間醫院無法有效運作。如果中央銀行裡沒人深諳經濟模型，就無法推出貨幣政策。如果你把穀倉定義為專業的小群體，則穀倉根本無可避免。

然而誠如本書所述，當分類系統過度僵化，穀倉變得根深柢固，我們可能看不見風險與美好機會。第二章的索尼正反映這種危險，瑞銀集團與二〇〇七年以前的經濟界也是如此。這些故事並非特例，穀倉也拖累許多其他組織，例如：微軟、通用汽車、白宮、英國國家衛生署、BBC與英國石油公司，簡直「族繁不及備載」。

那麼我們有辦法減少穀倉的危害嗎？我認為有。在本書的第二部分，我透過幾個故事說明一般人怎麼掌控穀倉，而不是受穀倉掌控。故事裡的個人與組織不見得能永遠成功，對抗穀倉是一場永無止境的任務，有賴持續努力。然而我希望這些故事有助我們明白哪些不同方式能改善穀倉弊病。

第一個啟示，是大型組織不妨讓團隊界線保持靈活彈性，例如：參考臉書公司的做法，藉由黑客松等方式讓人員接觸不同部門會是明智之舉，**藉由特定地方與活動讓不同部門彼此激盪與合作也是好事一樁**，包括黑客松與輪調都是合適措施。**透過空間設計同樣有助讓人員不期而遇**，時常互動交流，克里夫蘭臨床醫學中心的空橋正有此功能，臉書的廣場亦然，不同團隊的人員不得不互相接觸，從而避免變得自私排外，不會只知自掃門前雪。

第二個啟示，是組織必須反思薪資與獎勵機制。當人員的報酬完全取決於團隊表現，不同團隊又彼此內鬥，也就難以互相合作，且無論公司花多少錢舉辦聯合活動或採取開放式辦公空間都用處不大。如同第三章所述，瑞銀集團內部如此零散破碎的主因，是他們採取「有功才有賞」制度，許多大型金融機構也同病相憐，醫界同樣有此弊病，「有醫才有賞」制度導致美國的醫療成本居高不下。克里夫蘭臨床醫學中心與藍山對沖基金的合作式薪資制度，值得仿效，至少仿效一部分，人員才能有整體思維。

第三個啟示，是資訊的流通至關重要。如同瑞銀集團與索尼的故事所述，當各部門把資訊握在自己手中，公司可能面臨巨大風險。一項解決之道是**人人應更樂於分享資料**，**而現代電腦科技有助達成這項工作**。然而我得強調單靠分享資料與資訊無法對抗穀倉，同樣重要的是**創造一種內部文化**，**鼓勵大家解讀資訊**，**並讓各種解讀都被聽到**。由於不同團隊的專家各有自己才懂的複雜晦澀術語，而且有時不願傾聽其他意見，這並不容易做到。

或者如同英格蘭銀行副行長保羅・塔克所言，大型組織真正需要的是「文化譯者」，靠他們遊走於不同專業穀倉之間，向裡頭的人員解釋外面的狀況。塔克說：「不必人人都是文化譯者，也許大概一〇%的人員是就好。多數人員可以學有專精，而且你也需要不同種類的專業人士，但**任何大型組織都要有人擔任翻譯的角色，了解許多不同的專業領域**。」塔克也指出，對不同「語言」（諸如經濟學術語或交易員行話）的互相尊重很重要：「這關乎知識論，也就是關乎知識的組成。就算別人用跟你不同的語言說話，不代表你該充耳不聞。」

第四個啟示，是我們有時該重新想像另一套分類系統，甚至加以實驗。多數人幾乎始終把既有的分類系統視為理所當然，但其實分類系統絕少臻於理想，有些會變得過時，甚至只為少數既得利益者服務。索尼的技術人員並未質疑內部穀倉，最終錯失推出創新發明的大好機會。二〇〇八年以前的經濟專家也有類似弊病，看不見金融系統裡日漸氾濫的槓桿操作。

相較之下，克里夫蘭臨床醫學中心的醫生試著顛覆醫療分工的心理地圖，照病人的感受來分工，而非照醫生的訓練來分工。相同原則能應用到各行各業。比方說，媒體往往按照記者的傳統角色（政治版記者、財經版記者、專欄記者或副編）區分部門，而非按照消費者對新聞的感受；銀行業者通常按自己的角度區分部門並推出金融商品，而非按投資人或存戶的角度；製造業者多半依照五十年或一百年前的產品製作方式來區分部門，或者依照技術人員的不同技能加以分工，而非依照現代消費者想解決的問題種類。**如果分工模式過於僵化，容易流於過時或不當，導致人員做出蠢事。加以改變有助激發創新，至少有助帶來寬廣視野。**

第五個啟示，是不妨靠科技挑戰穀倉。電腦不會自動替我們革除穀倉，遠遠不會。現在我們的系統裡充斥大量數位資料，我們被迫不斷創造新系統來組織資料，這局面也就無可避免的迫使我們（更準確來說是迫使電腦）把資料擺進特定桶子裡。然而電腦的好處是沒有根深柢固的心理偏見，我們得以**用不同方式替資料重新分類，測試不同的資料分法**。

事實上，重組電腦資料通常遠比重組人腦來得迅速跟容易，尤其現代電腦系統的資料處理能力簡直一日千里（調動電腦資料不會引起電腦的反抗，叫人改變想法卻可能會）。福勞爾斯在彭博市府的團隊正屬一例，反映出資料重組有時能帶來細微而重要的政策改變。高斯坦設法降低芝加哥市內謀殺率的故事亦屬一例。可是這些故事也藏著一個重要警告，那就是資料不會自行重組，不會自行破除穀倉，必須由人加以推動。最重要的是人的想像力，正如福勞爾斯展現的那樣。

學會六大原則，讓你具備人類學家的特質

那麼我們該怎麼獲得最重要的想像力，得以挑戰分類系統，無論在網路世界或真實世界皆然？我認為我們能向人類學借用幾個原則。這不表示要研究遙遠的異國文化、可怕儀式或古老骸骨。如同第一章所言，如今人類學家不只研究非西方文化，也探討複雜的工業化社會。此外，人類學不是受研究對象（例如：柏柏族或瑞士銀行業者）所界定，重點是一種心態，或曰觀看世界的方式。人類學有許多特質。

首先，人類學家喜歡**由下往上觀看世事，還要走出斗室，實地觀察，從微觀模式探究宏觀現象**。

第二，他們**以開放的心胸傾聽與觀察**，如同牆上的蒼蠅，試著了解社會群體或系統所有的不同部分如何環環相扣。

第三，他們著重**全面探討，最後往往是檢視一般人不想談的禁忌或無趣事情，對社會避談的議題大感興趣**。

第四，他們會**仔細傾聽他人的說法，再跟實際作為互相比對，著迷於理想與現實之間的鴻溝**。

第五，人類學家往往**會比較不同的社會、文化與系統**，背後的主因是，這樣有助找出不同社會群體背後的模式。此舉有助了解異文化，也有助了解自身文化。當我們沉浸於另一個世界，我們不只能了解「他人」，也能以嶄新而清晰的眼光反思自己，既是局內人，也是局外人。

第六個特質最為重要，那就是**人類學認為人類生活不只有一種合理模式**。這道理乍看顯而易見，但任何社會裡的人們往往認為自身文化合情合理，覺得自己的社會規則與分類系統理所當然，也就很少花力氣加以反思，但人類學家知道各種替現實與內心安排秩序的分類系統並非理所當然，通常是後天養成，而非與生俱來。只要我們有心，就能改變自己的文化模式，還能改變我們用來組織世界的種種正式與非正式規則。或者說，只要我們肯停下來思考，就能改變。

人類學的這六大原則有助我們思考穀倉問題。誠如書中反覆所述，現代世界離不開穀倉，但我們不必受穀倉所限。其中一招是採取人類學家既在局內，又在局外的目光，從整體脈絡檢視分類系統，看出重疊與空缺的部分，找出各分類間隙裡的事物，發現僵化與過時的界線。身兼局內人與局外人有助看見僵固界線的風險，獲得跨界的想像力，從而想像一個不同的世界，或者套用組織理論家約翰·史立·布朗的用詞，從分類系統與組織的「邊界」尋求創新[3]。

你不必是個人類學家，也能具備兼及內外的眼光。人類學訓練確實有幫助（而且我相信，許多組織若聘請人類學專家檢視其組織運作，將獲益良多），但有些人也能從跨界或異地的經歷裡養成雙重眼光。有些改變是意外促成，福勞爾斯原本從未想過巴格達的經歷能教他試著統合資料；有些改變是刻意為之，第五章的高斯坦是自願投入警職，跳脫舒適圈，投入未知世界，進而以創新方式打破穀倉。

然而**改變不見得要涉及重大職涯轉換**，我們還能憑其他方法暫時跳進另一個世界，例如：**改變平時接收的資訊或新聞，換個地方，跟不同人交談並想像他們眼中的世界**。紐約前副市長羅伯特・史提說：「我覺得我們需要有時做點心理運動，想像我們正在配眼鏡，戴著驗光師用來放置不同鏡片的老式鏡架。我有時會想像把不同鏡片擺進鏡框，問自己說我看到了什麼，從別人的眼睛會看見什麼世界。」

我們也能**靠旅行撞見嶄新的人事物**，克里夫蘭臨床醫學中心執行長托比・寇斯葛洛夫就要求旗下醫生走出去，參加會議，參觀醫院，也造訪跟醫療無關的地方：「網路形同珍貴資產，讓我們能取得各種點子與資訊，但就連網路也無法取代『創新之旅』，比不上實際到『蠻荒地帶』探險並撞見新想法。無論身處何種領域，滿懷雄心的個人有必要關掉筆電，離開座椅，到新地方探索一番，跟做事方法不同的人碰上面。」總之，我們要保持開放，樂於跟我們所處穀倉以外的人與想法撞擊激盪。**如果我們肯接觸意料之外的人事物，最後往往能改變自己的文化鏡片。**

追求效率，是一種穀倉的詛咒

我們當然至少面臨一大障礙，無論想撞見意外事物、周遊各地或獲得內外兼具的眼光，都得花不少時間與精力。留在穀倉，接受既有界線，往往輕鬆容易許多，畢竟世界期望我們把職涯規劃得平平順順，一路成為專業人士。中學與大學把年紀還輕的學生擺進一個個箱子，各科系採專業導向。如同美國記者法里德．扎卡利亞（Fareed Zakaria）所言，今日美國教育的主要目標是培養專業人才，而不是提供通才教育，讓學生在不同主題之間徜徉遊走[4]。

我們傾向認為，轉換跑道是一件壞事，機構主管面臨追求效率與避免損耗的壓力，專業與專注似乎是現代世界共同追求的目標，結果我們很難解釋為什麼要從事沒有立即速效的耗時活動，例如：跟其他部門的人員交談、讓人員在各部門之間輪調，還有派人出去展開創新之旅等。

臉書首席工程師麥可・斯克洛普夫說：「舉辦黑客松這類活動很耗時。另外，公司系統要保有輕鬆空間，活動才能發揮效果，而這也顯得像是一種浪費。」任人員自由「閒晃」往往像是一種自我耽溺的奢侈。同理，設置文化譯者與從事社會分析也是一種奢侈，甚至從人類學家的鏡片觀看世界亦然。**大家往往假借效率、專責與成效等名義，甘於身處穀倉。**

然而本書欲傳達的最重要訊息是：**硬是死守效率，容易適得其反。活在專業穀倉也許短期顯得有效率，但一旦陷入過度分工模式，只怕會面臨風險與錯失機會。**如果我們因習慣（或人類學家布赫迪厄口中的「習性」）變得盲目，終將反受其害。

或者換個說法，在二十一世紀的複雜社會，我們都面臨一個微妙挑戰：我們可以受心理與結構穀倉主宰，也可以反過來主宰穀倉，一切操之在己。而主宰穀倉最基本的第一步，是反思原本每天對世界習以為常的分類方式。

然後試著想像另一套方式。

參考文獻

我在撰寫本書之際，跟書中所提到的人物做過許多訪談，有些是針對本書，有些是針對《金融時報》。除非另有說明，否則書中所引述字句皆出自這些訪談，若有意思出入，錯皆在我。

作者的話

1 Daniel Kahneman, *Thinking, Fast and Slow* (New York: Farrar, Straus & Giroux, 2013).

2 Gillian Tett, *Fool's Gold: The Inside Story of J.P. Morgan and How Wall Street Greed Corrupted Its Bold Dream and Created a Financial Catastrophe* (New York: Free Press, 2010).

3 Gillian Tett, "Ambiguous Alliances: Marriage and Identity in a Muslim Village in Soviet Tajikistan" (PhD diss., Cambridge University, 1996). See also Gillian Tett, "Guardians of the Faith, Gender and Religion in an (Ex) Soviet Tajik Village," *Muslim Women's Choices; Religious Belief and Social Reality*, C. F. El-Solh and J Mabro, eds. (Providence, RI), pp. 128-51.

前言

1 Daniel Kahneman, *Thinking, Fast and Slow* (New York: Farrar, Straus & Giroux, 2013).

2 New York Senate files, Jeffrey D. Klein, "A Survey of Bank Owned Properties in New York City," July 2011.

3 "Bronx House Fire Kills Boy, 12, and His Parents," *New York Times*, April 25, 2011.

4 "3 Killed in Monday Morning Bronx Fire," *CBS New York*, April 25, 2011.

5 Klein, "A Survey of Bank Owned Properties in New York City."

6 Barry Paddock, John Lauinger and Corky Siemaszko, "Drug Dealers in First Floor of Illegal Bronx Apt. Building Barred City Inspectors," *New York Daily News*, April 27, 2011.

7 "Out of Control, Out of Sight,"Citizens Housing Planning Council Report, May 2, 2011.

8 Klein, "A Survey of Bank Owned Properties in New York City."

9 Barry Paddock, John Lauinger, and Corky Siemanzko, "No Way Out for Tragic Family," *New York Daily News*, April 27, 2011.

10 Fire Department Citywide Statistics, Performance Indicators.

11 City of New York press release, "Bloomberg and Fire Commissioner Cassano Announce 2012 Sets All-Time Record for Fewest Fire Fatalities in New York City History," January 2, 2013.

12 Benjamin Lesser and Brian Kates, "Hidden Deathtraps: After Flushing Fire and 200k Complaints, Divided Apartments Still Run Rampant," New York Daily News, November 14, 2009.

13 Data from City Hall and Mike Flowers's presentations.

14 "Top 25 Employers in New York City in 2013," *Crain's New York Business*, March 211, 2014.

15 Paul Davidson, "Compatible Radio Systems Would Cost Billions," *USA Today*, December 28, 2005.

16 "Big Data in the Big Apple," *Slate*, March 6, 2013.

17 See Bloomberg's tweets on www.twitter.com; also Commencement Speech by Michael Bloomberg to Johns Hopkins University, 2010.

18 Michael M. Grynbaum, "The Reporters of City Hall Return to Their Old Perch," *New York Times*, May 24, 2012.

19 Code for America Summit 2012, Mike Flowers, Day 1, October 4, 2012.

20 Ror Olavsrud, "How Big Data Saves Lives in New York City," *CIO*, October 25, 2012.

21 To see the Primary Land Use Tax Lot Output file (PLUTO), see http:// www.nyc.gov//hhtml/dcp/html/bytes/applbyte.shtml.

22 Kenneth Cukier and Viktor Mayer-Schoenberger, "The Rise of Big Data," *Foreign Affairs*, May 1, 2013. See also Cukier and Mayer Schoenberger, *Big Data: A Revolution Rat Will Transform How We Live, Work, and Rink* (Eamon Dolan: Mariner,2014).

23 Interview with Mike Flowers, http://radar.oreilly.com/2012/06/pre dictive-data-analytics-big-data-nyc.html.

24 Alex Howard, "Predictive Data Analytics in Saving Lives and Taxpayer Dollars in New York City," *Radar Online*, June 26, 2012; "Mayor Moves Against Drugs," *Wall Street Journal*, December 13, 2011.

25 Ian Goldin and Mike Mariathasan, *The Butterfly Defect: How Globalization Creates Systemic Risks and What to Do About It* (Princeton: Princeton University Press, 2014).

26 https://www.imf.org/external/np/speeches/2014/020314.htm.

27 Oxford English Dictionary.

28 Ibid.

29 Ibid.

30 Adam Smith, *An Inquiry into the Nature and Causes of the Wealth of Nations*, Part 1 (Indianapolis: Liberty Fund, 1982) (from 1776 manuscript).

31 See the official report on the BP oil spill: National Commission on the BP Deepwater Horizon Oil Spill and Offshore Drilling, "Deep Water; The Gulf Oil Disaster and the Future of Offshore Drilling. Report to the President," January, 2011, http://www.gpo.gov. Also: Peter Elkind and David Whitford with Doris Burke, "BP: An Accident Waiting to Happen," *Fortune*, January 24, 2011, and Ed Crooks, "US report spells out BP failures in Gulf," *Financial Times*, September 15, 2011.

32 See the damning report by Anton Valukas on the GM scandal: "General Motors Company: Regarding Ignition Switch Recalls,"May 29, 2014, by Anton R. Valukas, Jenner & Block LLC, http://s3.dccumentcloud.org/documenttss//11118833550088//gg-m-internal-investigation-report.pdf.

33 See the Mary Barra town hall on June 5, 2014, http//media.gm.com/media/us/een/gm/news.detail.html/content/Pagess//news/us/en/2014/Jun/060514-ignition-rreport.html.

34 9/11 Commission Report Executive Summary, "Management" subsection, http://www.gpo.gov/fdsys/pkg/GPO-991111RREPORT/pdf/GPO-911REPORT.pdf.

35 Denis Campbell, "NHS Told to Abandon Delayed IT Project," *The Guardian,* September 21, 2011.

36 Stephen Hugh-Jones, "The Symbolic and the Real," Cambridge University Lectures, Lent term 2005, http://www.alanmaccfarlane.com/hugh_jones/abstract.htm.

第1章

1 Pierre Bourdieu, *Outline of a Theory of Practice* (Cambridge: Cambridge University Press, 1977).

2 Pierre Bourdieu, *The Bachelor's Ball: The Crisis of Peasant Society in Bâearn* (Chicago: University of Chicago Press, 2008).

Translated from Le bal des celibataires (Bourdieu: Edition de Sevil, 2002).

3 Taken for Bourdieu's essay "La dimension de la domination economique," *Etudes Rurales* 113-114 (January-June 1989) pp.15-36. Reproduced in Bourdieu, *The Batchelor's Ball*, pp. v1-v11.

4 Pierre Bourdieu, *Sketch for Self-Analysis* (Boston: Polity, 2008), p. 63.

5 Ibid.

6 George A. Miller, "The Magical Number Seven, Plus or Minus Two: Some Limits on Our Capacity for Processing Information" *Psychological Review* 63 (2) (1956), pp. 81-97.

7 Ibid.

8 Daniel Kahneman, *Thinking, Fast and Slow* (New York: Farrar, Straus & Giroux, 2013).

9 Luc de Brabandere and Alan Iny, *Thinking in New Boxes: A New Paradigm for Business Creativity* (New York: Random House, 2013).

10 René Descartes, Discourse on *Method and Meditations on First Philosophy*, Donald A. Cress, trans. (Indianapolis: Hackett, 1999).

11 Brent Berlin and Paul Kay, *Basic Color Terms: Reir Universality and Evolution* (University of California Press, 1969).

12 Caroline M. Eastman and Robin M. Carter, "Anthropological Perspectives on Classification Systems," 1994. Eastman, C.

(1994). 5th ASIS SIG/CR Classification Research Workshop, 69-78, doi:10.7152/acro.v5i1.13777.

13 Jared Diamond, *The World Until Yesterday: What Can We Learn from Traditional Societies?* (New York: Penguin, 2013).

14 Bourdieu, *Sketch for Self-Analysis,* p. 5.

15 Ibid., p. 97.

16 Ibid., p. 91.

17 Ibid., p. 38.

18 Ibid.

19 Ibid., p. 40.

20 Robert Layton, *An Introduction to Theory in Anthropology* (Cambridge: Cambridge University Press, 1999), p. 1.

21 David Hume, *Treatise on Human Nature* (1738; U.S.: CreateSpace Independent Publishing, 2013).

22 Ernest Gellner, *The Concept of Kinship* (London: Blackwell, 1973), p. vii.

23 Ibid., pp. vii, viii.

24 Bronislaw Malinowksi, *Argonauts of the Western Paciβc* (Long Grove, IL: Waveland Press, 1984; rpt. of 1922 edition).

25 Claude Lévi-SStrauss, *Myth and Meaning* (Germany: Schocken, 1995; rpt. of 1978 edition).

26 Claude Lévi-Strauss, *The Elementary Structures of Kinship* (Boston: Beacon, 1971); Claude Lévi-Strauss, Tristes Tropiques

(New York: Penguin, 2012; rpt.; Claude Lévi-Strauss, *The Savage Mind* (Chicago: University of Chicago Press, 1966).

27 Bourdieu, *Sketch for Self-Analysis*, p. 40.

28 關於布赫迪厄的這段經歷，可參見他學生克雷格・柯爾洪整理的照片紀錄：Pierre Bourdieu and Craig Calhoun, ed., *Picturing Algeria* (New York: Columbia University Press, 2012).

29 Bourdieu, *Sketch for Self-Analysis*, p. 48.

30 Ibid., p. 53.

31 Ibid., p. 47.

32 Ibid., p. 61. See also Bourdieu, *The Batchelor's Ball*, p. 3.

33 Ibid., p. 67.

34 Bourdieu, *Outline of a Theory of Practice*, p. 170.

35 Kate Fox, *Watching the English* (London: Hodder & Stoughton, 2005), p. 6.

36 Ibid., p. 13.

37 Karen Ho, *Liquidated: An Ethnography of Wall Street* (Durham, NC: Duke University Press, 2009).

38 Caitlin Zaloom, *Out of the Pits: Traders and Technology from Chicago to London* (Chicago: University of Chicago Press, 2006).

39 Alexandra Ouroussoff, *Wall Street at War: The Secret Struggle for the Global Economy* (Boston: Polity, 2010).

40 Douglas Holmes, *Economy of Words: Communicative Imperatives in Central Banks* (Chicago: University of Chicago Press, 2013).

41 Annelise Riles, *Collateral Knowledge: Legal Reasoning in the Global Financial Markets* (Chicago: University of Chicago Press, 2011).

42 Danah Boyd, *It's Complicated: The Social Life of Networked Teens* (New Haven: Yale University Press, 2014).

43 Margaret Mead (1950, p. xxvi) cited in: Tom Boellstorff, *Coming of Age in Second Life: An Anthropologist Explores the Virtually Human* (Princeton, NJ: Princeton University Press, 2010), p. 71.

第2章

1 Lou Gerstner, *Who Says Elephants Can't Dance? Inside IBM's Historic Turnaround.* (Waterville, ME: Thorndike Press, 2002).

2 Sony video by Comdex, http://groupx.com/ourwork/launch/sony.html.

3 Paul Rurott, "Fall Comdex 1999 Reviewed," http://winsupersite.com/product-review/falll-comdex-11999999-reviewed.

4 Martyn Williams, "George Lucas, Playstation 2 Highlight Sony Keynote at Comdex," CNN, November 16, 1999.

5 http://www.zdnet.com/news/star-wars-creator-gives-sony-thumbs-up/104118;http://www.ign.com/articles/1999/11/17/comdex-1999-sony-aims-high-with-playstation-2.

6 Martyn Williams, "George Lucas, Playstation 2 Highlight Sony Keynote at Comdex," CNN, November 16, 1999.

7 "Sony Global—Sony History," November 2006, http://web.archive.org/web/20061128064313/http://www.sony.net/Fun/SH/1-1/h2.html.

8 "Masaru Ibuka," PBS Online 1999, ScienCentral, and the American Institute of Physics. "Akio Morita," PBS Online 1999, ScienCentral, and the American Institute of Physics.

9 "Akio Morita: Gadget Guru," Entrepreneur, October 10, 2008.

10 Akio Morita, *Madein Japan: Akio Morita and Sony* (New York: E. P. Dutton, 1986), p. 56.

11 Ibid., p. 65.

12 Ibid., pp. 79-81.

13 Meaghan Haire, "A Brief History of the Walkman," *Time*, July 1, 2009.

14 Morita, Made in Japan, p. 82.

15 Steve Lohr, "Norio Ohga, Who Led Sony Beyond Electronics, Dies at 81," *New York Times*, April 24, 2011.

16 Sea-Jin Chang, *Sony vs. Samsung: The Inside Story of the Electronics Giants' Battle for Global Supremacy* (Hoboken, NJ: Wiley, 2008).

17 John Nathan, *Sony: Private Life* (Boston: Mariner, 2001), p. 315.

18 Sony Corporate Information, Chapter 24: Diversification, www.sony.net.

19 Karl Taro Greenfeld, "Saving Sony: CEO Howard Stringer Plans to Focus on 3-D TV," Wired. March 22, 2010.

20 Walter Isaacson, *Steve Jobs* (New York: Simon & Schuster, 2011), p. 408.

21 Ibid., p. 362.

22 Sony 2005 Finnancial Year Fiscal Report, www.sony.neet.

23 Andrew Ross Sorkin and Saul Hansel, "Shakeup at Sony Puts Westerner in Leader's Role," *New York Times*, March 7, 2005.

24 Mark Gunther,"The Welshman, the Walkman and the Salary men," *Fortune*, June 1, 2006.

25 For an account of this see: Lou Gerstner, "Who Says Elephants Can't Dance?" *Harper Business*, 2002; Lisa DiCarlo, "How Lou Gerstner Got IBM to Dance," *Forbes*, November 11, 2002; "IBM Corp Turnaround," Harvard Business School Case Study, March 14, 2200000; Lynda Applegate and Elizaabeth Collins, "IBM's Decade of Transformation; Turnaround to Growth," Harvard Business School Case Study, April 2005.

26 "A Word from Howard: Breaking Down Silos," Sony United newsletter, January 2, 2006.

27 Martin Fackler, "Sony Plans 10,000 Job Cuts," *New York Times*, September 23, 2005.

28 Daisuke Takato, "Sony to Cut 10,000 Jobs, Product Models to End Losses," *Bloomberg News*, September 22, 2005.

29 David Macdonald, "Sony Tries to Get Its Mojo Back," *Asia Times*, February 7, 2006.

30 Martin Fackler, "Cutting Sony, a Corporate Octopus, Back to a Rational Size," *New York Times*, May 29, 2006.

31 Sony corporate announcement, September 2005, www.sony.net.

32 Ibid.

33 Ginny Parker Woods, "Sony's Picture Is Looking Brighter," *Wall Street Journal*, February 3, 2006.

34 Mark Gunter, "The Welshman, the Walkman and the Salarymen," *Fortune*, June 1 2006.

35 *Who Says Elephants Can't Dance?* Harper Business, 2002; see also "How Louis Gerstner Got IBM to Dance," by Lisa diCarlo, *Forbes*, November 11, 2002.

36 Mark Gunther, "The Welshman, the Walkman and ReSalarymen," *Fortune*, June 1, 2006.

37 Tim Ferguson, "Samsung v Sony—The Growing '2000' Divide," *Forbes*, April 30, 2012.

38 Andrew Ross Sorkin and Michael De La Merced, "American Investor Targets Sony for a Breakup," *New York Times*, May 14, 2013.

39 Mike Fleming, "George Clooney to Hedge Fund Honcho Daniel Loeb: Stop Spreading Fear at Sony," *Deadline Hollywood*,

August 2, 2013.

40 For an account of the challenges at Microsoft and the company's response see: Monica Langley, "Reboot at Microsoft: Impatient Board Sped Ballmer's Exit," *Wall Street Journal*, 2013; "Microsoft Tears Down Walls to Open Up Future," *S Augustine Record*, July 13, 2013; Rom Forbes, "Microsoft Blows up Its Silos," *Marketing Daaily*, July 12, 2013; "Microsof Transforms But Will It Leave Its Past Behind?" Voice of America, October 25, 2013.

第3章

1 UptonSinclair,*I, Candidate for Governor: AndHowI Got Licked* (Berkeley: University of California Press, 1994), p. 19.

2 FINMA (Swiss Financial Market Supervisory Authority), "Financial Market Crisis and Financial Market Supervision," Se tember 14, 2009, p. 22. (Hereinafter FINMA report.)

3 Tobias Straummann, "The UBS Crisis in Historical Perspective," University of Zurich Empirical Research in Economics, September 2010, p. 5.

4 FINMA report, p. 21.

5 Ibid.

6 Ibid., p. 22.

7 Ibid.

8 Shareholder Report on UBS's Write-Down, April 18, 2008, p. 6, http:// maths-fi.com/ubs-shareholder-report.pdf.

9 Ibid., p. 6.

10 Stephanie Baker-Said and Elena Logutenkova, "The Mess atUBS," *Bloomberg Markets*, July 2008.

11 Mark Landler, "UBS Sells Stake After Write-Down," *New York Times*, December 10, 2007.

12 Ibid.

13 UBS Shareholder Report, 2008, p. 6; Statement to Shareholders, December 2008.

14 UBS Shareholder Report, 2008, p. 7.

15 Baker-Said and Logutenkova, "The Mess at UBS."

16 "Switzerland Unveils UBS Bail-out," BBC World News, October 16, 2008.

17 UBS Shareholder Report, 2008, p. 6.

18 Nick Mathiason, "UBS and US Government Reach Deal over Tax Evasion Dispute," *The Guardian,* July 31, 2009.

19 Straumann, "The UBS Crisis in Historical Perspective," p. 3.

20 Ibid.

21 Ibid., p. 6.

22 Ibid.

23 John Tagliabue, "2 of the Big 3 Swiss Banks to Join to Seek Global Heft," *New York Times*, December 9, 1997.

24 Adrian Cox, "Costas Sees UBS Eclipsing Goldman, Citigroup as Top Fee Earner," *Bloomberg Magazine*, March 1, 2004.

25 "Swiss Bank to Acquire Chase Investment Unit," Associated Press, reprinted in *New York Times*, February 22, 1991.

26 "Has UBS Found Its Way Out of the Woods?," *BusinessWeek*, March 29, 1999.

27 FINMA report, p. 25, footnote.

28 John Tagliabue, "Swiss Banks Calling Wall St. Home," *New York Times*, August 31, 2000.

29 Riva D. Atlas, "How Banks Chased a Mirage," *New Yorrk Times*, May 26, 2002.

30 Michael Corkery, "Health Scare: Calculating UBS's Loss of Banker Benjamin Lorello," *Wall Street Journal*, June 26, 2009.

31 "Top UBS Banker Founds Private Equity Firm," *Financial News*, June 29, 2007.

32 "Jefferies Nabss One-time Critic from UBS," *Dow Jones Financial News*, June 25, 2009.

33 Cox, "Costas Sees UBS Eclipsing Goldman, Citigroup as Top Fee Earner."

34 Uta Harnischfeger, "UBS Faults Blinds Ambition for Subprime Miscues," *New York Times*, April 22, 2008.

35 證券化的一般定義是供銀行業者開發與推出「諸如債券等可交易證券，並以資產、貸款、公共建設計畫或其他利潤來源支持」（出處：《金融時報》詞庫，http://lexicon.ft.com/Term?term=securitisation）。投資百科網站則說：「證券化是藉金融技術把單一或整組非流動性資產轉換為證券，一個典型例子是不動產貸款證券，亦即從不動產貸款轉換成的資產證券。」證券化涉及數個步驟，投資百科網站的解釋為：「首先，經核准與監管的金融機構取得許多由借款人擔保的不動產貸款。接著把所有個別貸款整合起來，做為不動產貸款證券的擔保品。不動產貸款證券可由第三方金融機構（例如：大型投銀）發行，可由最初取得貸款的銀行發行，也可由房利美與房地美等統合機構發行，結果完全相同：新證券問世，背後由借款人的資產做擔保，並可賣給次級房貸市場上的投資人。」http://www.investopedia.com/ask/answers/07/securitization.asp.

36 Stephanie Baker-Said and Elena Logutenkova, "UBS $100 Billion Wager Prompted $24 Billion Loss in Nine Months," *Bloomberg News*, May 18, 2008.

37 Straumann, "The UBS Crisis in Historical Perspective," p. 17.

38 UBS Shareholder Report, 2008, p. 18.

39 Nelzon Schwartz, "The Mortgage Bust Goes Global," *New York Times*, April 6, 2008.

40 Baker-Said and Logutenkova, "UBS $100 Billion WagerPrompted $24 Billion Loss in Nine Months."

41 Karen Ho, *Liquidated: An Ethnography of Wall Street* (Durham, NC: Duke University Press, 2009).

42 . FINMA report, p. 25.

43 Greg Ip, Susan Pullam, Scott Rurm, and Ruth Simon, "How the Internet Bubble Broke Records, Rules, and Bank Accounts," *Wall Street Journal*, July 14, 2000.

44 UBS Transparency Report to Shareholders, 2010, p. 18.

45 Ibid., p. 27.

46 UBS Shareholder Report, 2008, p. 9.

47 Ibid., p. 15.

48 Ibid., p. 16.

49 Chris Hughes, Haig Simonian, and Peter Ral Larsen, "Corroded to the Core: How a Staid Swiss Bank Let Ambitions Lead It into Folly," *Financial Times*, April 21, 2008.

50 UBS Shareholder Report, 2008, p. 4.

51 "Brady W. Dougan," Official Bio Credit Suisse Group AG website, https://www.credit-suisse.com/governance/en/pop_s_cv_dougan.jsp.

52 Haig Simonian and Peter Ral Larsen, "UBS Reveals Top Level Shake-up," *Financial Times*, July 1, 2005.

53 FINMA report, p. 28.

54 UBS Transparency Report, 2010, p. 21.

55 Sinclair, p. 109.

56 FINMA report, p. 27.

57 Ibid., p. 22.

58 Ibid.

59 UBS Transparency Report, 2010, p. 35.

60 Ibid., p. 5. On August 8 the chairman's office and the Group Executive Board were informed as to the extent of the problems.

61 Straumann, "The UBS Crisis in Historical Perspective," p. 9.

62 Hughes, Simonian, and Larsen, "Corroded to the Core How a Staid Swiss Bank Let Ambitions Lead it into Folly."

63 Gillian Tett, "Silos and Silences," *Banque de France Financial Stability Review*, July 2010, p. 126.

64 FINMA report, p. 26.

65 "Executive Profile: Joseph Scoby," http:.//www.bloomberg.com/re search/stocks.

66 UBS Shareholder Report, 2008, p. 6.

67 Megan Murphy and Haig Simonian, "Banking: Li htning Strikes Twice," *Financcial Times*, October 3, 2011.

68 Straumann, "The UBS Crisis in Historical Perspective," p. 8.

69 Ibid., pp. 4-5.

70 Haig Simonian, "UBS Board Makes Formal Appointment," *Financial Times*, December 8, 2009.

71 UBS Transparency Report, 2010, p. 7.

72 Lofts was appointed chief risk officer in 2008. He then left but was subsequently reappointed in 2011.

73 "Christian Wiesendanger Executive Profile," Bloomberg, www.bloom berg.net.

74 Megan Murphy, Kate Burgess, Sam Jones, and Haig Simonian, "UBS Trader Adoboli Held over $2bn Loss," *Financial Times*, September 15, 2011.

75 Tony Shearer, "The Banks Are Simply Too Big to Be Managed," letter to the head of business, *Daily Telegraph*, September 19 2011.

第4章

1 This account is based on an interview with Luis Garicano. See also Andrew Pierce, "The Queen Asks Why No One Saw the Credit Crunch Coming," *Daily Telegraph*, November 5, 2008; Chris Giles, "The Economic Forecasters' Failing Vision," *Financial Times*, November 25, 2008.

2 Etymological origins of "Economy": *The American Heritage Dictionary of the English Language*, 4th ed. (New York:

Houghton Miffiin, 2009).

3 Chris Hann and Keith Hart, *Economic Anthropology* (Boston: Polity, 2011), p. 34.

4 "News release: Paul Tucker to Leave the Bank of England," Bank of England website, June 14, 2013, www.bankofengland.co.uk.

5 Bill Janeway, *Doing Capitalism In the Innovation Economy: Markets, Speculation and the State* (Cambridge:Cambridge University Press, 2012), p. 163.

6 Axel Leijonhufvud, "Life Among the Econ," *Western Economic Journal*, 11:3 (September 1973), p. 327.

7 Ibid., p. 328.

8 "Alan Greenspan," *Biography*, A&E, 2014.

9 Gillian Tett. "An Interview with Alan Greenspan," *Financial Times*, October 25, 2013.

10 "1997: Brown Sets Bank of England Free," On This Day in History, www.bbc.co.uk.

11 Chris Giles, "The Court of King Mervyn," *Financial Times Magazine*, May 5, 2012..

12 For a discussion of how silos impacted the media and the public debate about the financial risks before the financial crisis, see: Gillian Tett, "Silos and Silences: Why So Few People Spotted the Problems in Complex Credit and What Rat Implies for the Future," *Banque de France Financial Stability Review* no. 14, July 2010. See also Gillian Tett, "Silos and Silences: the

Problem of Fractured Rought in Finance," Speech to the American Anthropological Association, New Orleans, 2010.

13 Tyler Cowen, "Bailout of Long-Term Capital: A Bad Precedent?," *New York Times*, December 26, 2008.

14 "Speech: Macro, Asset Price and Financial System Uncertainties," Roy Bridge Memorial Lecture given by Paul Tucker, Executive Director for Markets and Monetary Policy Committee Member, Bank of England, December 111, 2006, www.bankofengland.co.uk.

15 Ibid., p. 123.

16 Ibid., p. 127.

17 Ibid., p. 128.

18 Ibid.

19 Ibid., p. 127.

20 "A perspective on Recent Monetary and Financial System Developments," by Paul Tucker, Executive Director for Markets and Monetary Policy Committee Member, delivered April 26, 2007, www.bankofen gland.co.uk.

21 Ibid., p. 6.

22 Ibid.

23 For a discussion of this, see Tett, "Silos and Silences."

24 "About the Jackson Hole Economic Policy Symposium," Publications Page, http://www.kc.frb.org/.

25 "Housing, Housing Finance, and Monetary Policy," speech by Chair-man Ben S. Bernanke delivered August 31, 2007, at the Federal Reserve Bank of Kansas City's Economic Symposium,Jackson Hole, Wyoming,www.federalreserve.gov, 2007 speeches.

26 "The Shadow Banking System and Hyman Minsky's Economic Journey," *PIMCO Global Central Bank Focus*, newsletter, May 2009.

27 "PIMCO Expert Bios: Paul A. McCulley," PIMCO website.

28 Krishna Guha, "Credit Turmoil Has Hallmarks of Bank Run," *Financial Times*, September 2, 2007. See also Kansas Federal Federal Reserve minutes at http://www.kc.frb.org/Publicat/Sympos/2007/PDF/General Discussion6 0415.pdf.

29 Taken from the minutes of the Jackson Hole symposium, August 2007, http://www.kc.frb.org/Publicat/Sympos/2007/PDF/General Discussion 60415.pdf.

30 See Robert J Shiller, "Bubble Trouble," Project Syndicate. September 17, 2007. Www.project syndicate.org.commentary/bubble-trouble

31 結構性投資工具與通道工具等商品有個稱為「期限錯配」（maturity mismatch）的特殊問題。這些商品靠在資產商業票據市場販賣極短期票據（或債券）獲取資金，再拿來購買不動產債券等長期資產。短期債券須持續滾存，但長期資產在市場急凍時不易賣出，因此當投資人陷入驚慌之際，結構性投資工具與通道工具無法得到資金，面臨流動性緊縮。由於銀行已替這類商品額外擔保，一旦結構性投資工具與通道工具開始暴跌，銀行會受到衝擊，市場也就全面陷入恐慌。

32 Jason Douglas and Geoffrey T. Smith, "FSB's Carney Seeks Help to End Too-Big-to-Fail," *Wall Street Journal*, April 11, 2014.

33 Heather Stewart, "This Is How We Let the Credit Crunch Happen Ma'am," *The Observer*, July 29, 2009.

34 Gillian Tett. "An Interview with Alan Greenspan by Gillian Tett," *Financial Times*, October 25, 2013.

35 "Memorandum of Understanding Between the Financial Conduct Authority and the Bank of England, including the Prudential Regulation Authority," Bank of England website. www.bankofengland.com

36 "One Mission. One Bank. Promoting the Good of the People of the United Kingdom," speech given by Mark Carney, Governor of the Bank of England, March 18, 2014, Mais Lecture at Cass Business School, City University, London.

37 Emma Charlton, "Bank of England Creates New Unit to Crunch Economic Data," *Bloomberg news*, July 1, 2014.

38 "Financial Stability Oversight Council Created Under the DoddFrank Wall Street Reform and Consumer Protection Act," October 2010, Treasury.gov.

39 Ian Katz, "Richard Berner to Help Treasure Build Financial Research Office," *Bloomberg News*, April 25, 2011.

40 Jennifer Ryan and Simon Kennedy, "Carney Gets Chance to Reshape BOE as Tucker Plans Departure," *Bloomberg News*, June 14, 2013.

第5章

1 Speech by Steve Jobs to Stanford University students, 2005, http:// news.stanford.edu/news/2005/june15/jobs-061505.html.

2 For press reports on highly educated professional volunteering for the police, see "First NYPD Recruits since 9/11," *Police: The Law Enforcement Magaziine*, July 9, 2002.

3 http://news..yyaahoo.com/chicago-murder-capital-of-america-bi-1421 22290.html; http://www.foxnews.com/uss//22001133//0099//119/bi-chicago-offi cially-americca-murder-capital/; http://www.huffingtonpost.com/2012/06/16/chicago-homicide-rate-wwor_n_1602692.html.

4 For background on the culture of the Chicago police, see: Star #14931, *Chicago Cop: Tales From the Street* (CreateSpace Independent Publishing Platform, 2011); Martin Preib, *Crooked City* (CreateSpace Independent Publishing Platform, 2014); Daniel P Smith. *On the Job: Behind the Stars of the Chicago Police Department* (Chicago: Lake Claremont Press, 2008); Jim Padar and Jay Padar, *On Being a Cop: Father and Son Tales from the Streets of Chicago* (Self Published, 2013).

5 Kari Lydersen, "In Chicago, Choice to Head Police Dept. a Controversial One," Washington Post, December 2, 2007; Gary Washburn and Todd Lighty. "New Top Cop Seeks to Fix Broken Trust: FBI Agent Aims to Soothe Police, Gain Confidence of Detractors," *Chicago Tribune*, November 30, 2007; Fran Spielman, "$310,000 for Top Cop? 'Yes, It's Worth It': Daley; Weis Will Earn $93,000 More Ran Mayor," *Chicago Sun-Times*, December 5, 2007.

6 Locke Bowman, "Will Mayor Rahm Emanuel Commit to Reforming the Chicago Police?," *Hu$ngton Post*, March 7 2011. www.huffington post.com.

7 For an account of the way that stove-piping has hampered the operations of intelligence and security forces in the last decade, see U.S. commission's report on 9/11: http://www.fas.org/irp/offdocs/911comm-sec13.pdf. See also the state department's report on the events in Benghazi, Libya, which echo a similar theme. http://www.state.gov/documents/organization/202446.pdf.

8 http://web.archive.org/web/20131203194757/http://www.suntimes.com/news/metro/23189930-418/grateful-for-cops-commitment.html.

9 See Chicago Police Memorial Foundation Website, Officer Of The Month—Brett Goldstein. May 2014 www.cpdmemorial.org/officer-of-the-month-brett-goldstein/.

10 Adam Lisberg, "Chicago Buried in Murders; 2nd City Passes New York in Killing," *New York Daily News*, November 2

2008; Angela Rozas, "Chicago Murder Rate Is Up 9 Percent So Far This Year," *Chicago Tribune*, May 17, 2008.

11 David Heinzmann, "After Scandal, a New Cop Unit: This Special Outfit Won't Be Called SOS," *Chicago Tribune*, October 7, 2008.

12 "Crime Is Down, but It's Still a Huge Problem," Editorial, *Chicago SunTimes*, August 5, 2010.

13 "Two Lawmakers Propose National Guard Should Deal with Gun Violence and Murder in Chicago," *NBC Nightly News*, April 26, 2010; Hal Dardick and Monique Garcia, "Daley: Guard Isn't the Answer; Mayor, Governor, Police Union Not Fans of Proposal to Deploy Troops," *Chicago Tribune*, April 27, 2010.

14 Lauren Etter and Douglas Belkin, "Rash of Shooti gs in Chicago Leaves 8 Dead, 16 Wounded," *Wall Street Journal*, April 17, 2010.

15 Terry Wilson, "Top Cop Pushes Accountability as He Makes Changes in the Ranks," *Chicago Tribune*, February 2, 2000.

16 See The Gang Book by the Chicago Crime Commission 2012 for estimates of the size and scope of the Chicago gangs: http://www.chicagocrimecommission.com. See also Peter Slevin, "Jennifer Hudson's Nephew Found Dead," *Washington Post*, October 28, 2008; Fran Spielman, "A Different Beat for Weis," *Chicago Sun-Times*, October 25, 2008.

17 Gary Slutkin and Tio Hardiman, "The Homicide Rat Didn't Happen,"*Chicago Tribune*, February 9, 2011.

18 For statistics on Chicago murders, see portal.chicagopolice.org. For press reports on this decline, see William Lee, "Decreases

in Major Crime Categories, Chicago Police Say," *Chicago Tribune*, September 8, 2010.

19 Frank Spielman and Frank Main, "Police Supt. Weis Bails Out," *Chicago Sun-Times*, March 2, 2011.

20 "Weis Critical of Decision Allowing Burge To Keep Pension" CBS Chicago, January 28, 2011.

21 http://harris.uchicago.edu/directory/faculty/brett_goldstein.

第6章

1 Julia Bort, "Facebook Engineer Jocelyn Goldfein to Women: Stop Being Scared of Computer Science," *Business Insider*, October 2, 2012.

2 Nicholas Carlson, "At Last—The Full Story of How Facebook Was Founded," *Business Insider*, March 5, 2010.

3 Jessica Gurnn, "The Grunts Are Geeks at Facebook Bootcamp," *Los Angeles Times*, August 1, 2010.

4 Brier Dudley, "Facebook Message: Girls, Too, Can Do Computers," *Seattle Times*, March 11, 2012.

5 "Audio Podcast: Deep Inside Facebook with Director of Engineering Jocelyn Goldfein," Taken from the Entrepreneurial Rought Leaders Lecture Series, Ecorner: organized by Stanford University's Entrepeneurship Corner, May 22 2013.

6 Dudley, "Facebook Message: Girls, Too, Can Do Computers."

7 “Audio Podcast: Deep Inside Facebook with Director of Engineering Jocelyn Goldfein.”

8 Nick Bilton, “Facebook Graffiti Artist Could Be Worth $500 Million,”*New York Times*, “Bits” blog, February 7, 2012.

9 Sarah Phillips, “A Brief History of Facebook,” *The Guardian*, July 24, 2007.

10 Ibid.

11 “Timeline: Key Dates in Facebook’s Ten Year History,” Associated Press, February 4, 2014.

12 TomioGeron, “The Untold Story of TwoEarly FacebookInvestors,”*Forbes,* February 2, 2012.

13 Ashlee Vance, “Facebook: The Making of 1 Billion Users,” *Bloomberg Businessweekk*, October 4, 2012.

14 Robin Dunbar, Grooming, Gossip and the Evolution of Human Language (Cambridge: Harvard University Press, 1998). See also Robin Dunbar, *How Many Friends Does One Person Need?* (Cambridge: Harvard University Press, 2010); “Neocortex Size as a Constraint on Group Size in Primates,” *Journal of Human Evolution* 22, no. 6 (June 1992).

15 Drake Bennett, “The Dunbar Number, from the Gu u of Social Networks,” *Bloomberg Businessweek*, Technology. January 10,2013.

16 R. I. M. Dunbar, “Coevolution of Neocortical Size, Group Size and Language in Humans,” *Behavioral and Brain Sciences* 16, no. 4 (1993): 681-735.

17 Jessica Guynn, “The Grunts Are Geeks at Facebook Bootcamp,” *Los Angeles Times*, August 1, 2010.

18 See the post by Andrew Bosworth on Facebook on November 19, 2009, entitled "Facebook Engineering Bootcamp." https://www.face book.com/notes/facebook...bootcamp/177577963919.

19 Mike Swift, "A Look Inside Facebook's 'Bootcamp' for New Employees," *San Jose Mercury News*, April 18, 2012.

20 Samantha MurphyKelly,"The Evolution of Facebook NewsFeed," *Mashable*, March 12, 2013.

21 Diberendu Ganguly, "How Facebook's Jocelyn Goldfein Brought Magic to the Most Popular Product 'Newsfeed,' " *The Economic Times*, January 25, 2013.

22 Ibid.

23 Ibid.

24 Ibid.

25 Ibid.

26 Ibid.

27 Ibid.

28 Sam Laird, "Facebook Completes Move into New Menlo Park Headquarters," Mashable.com, December 19, 2011.

29 Emil Protalinski, "Facebook Wants Two Menlo Park Campuses for 9,400Employees,"ZDnew. www.zdnet.com/.../facebook-wants-two-menlo-park-campuses August 24, 2011.

30 Megan Rose Dickey, "Some of Facebook's Best Features Were Once Hackathon Projects," *Business Insider*, January 9, 2013.

31 Jocelyn Goldffein, Facebook post, March 10, 2011, and March 17, 2011, www.facebook.com.

32 Ibid., September 15, 2011.

33 Ibid., April 23, 2012.

34 Ibid., January 24, 2012.

35 Ibid., June 24, 2012.

36 Ibid., April 25, 2012.

37 Mark Zuckerberg, Facebook post, June 28, 2013, www.facebook.com.

38 Ibid., August 19, 2012.

39 Mike Schoeppfer, Facebook post, August, 14, 2012. www.facebook.com.

40 Ryan Patterson, Facebook post, May 20, 2013, www.facebook.com.

41 Devindra Hardawar, "Facebook Home Isn't Dead Yeet and More Surprises from Engineering Director Jocelyn Goldfein," *Venturebeat*, February17,2014,http://*venturebeat*.com/2014/02/17/facebook-home-isnt-dead-yet-more-surprises-from-mobile-engineering-director-jocelyn-goldfein.

42 Evelyn Rusli, "Facebook Buys Instagram for $1 Billion," *New York Times*, "DealBook," April 9, 2012.

43 "Facebook Reports Fourth Quarter and Full Year 2014 Results," January 28, 2015. www.investor.b.com.

第7章

1 Financial Aid Cost Summary, Harvard Business School website.

2 Toby Cosgrove, MD, *The Cleveland Clinic Way: Lessons in Excellence from One of the World's Leading Healthcare Organizations* (New York: McGraw-Hill, 2014).

3 Diane Solov, "From C's and D's to Clinic's Helm: At the Age of 63, Delos 'Toby' Cosgrove, Surgeon, Inventor, Go-to Guy (and Dyslexic), Finds the Job and Opportunity He's Been Looking For," *Cleveland Plain Dealer*, June 9, 2004.

4 Cosgrove, *The Cleveland Clinic Way*, p. xi.

5 *To Act as a Unit: The Story of Cleveland Clinic*, Cleveland Clinic Foundation, 2011, p. 129.

6 Cosgrove, *The Cleveland Clinic Way*, p. 109.

7 Ibid.

8 Alison Van Dusen, "America's Top Hospitals Go Global," *Forbes*.com, August 25, 2008.

9 Cosgrove, *The Cleveland Clinic Way*, p. 110.

10 "King Abdullah to Open Jeddah's International Medical Center Tomorrow," news release, Saudi Embassy archives, October 28, 2006.

11 "Cleveland Clinic: A Short History," Cleveland Clinic official website, www.clevelandclinic.org, p. 1.

12 "Bill of Sale: From Estate of Dr. Frank J. Weed to Dr. Frank E. Bunts and Dr. George Crile," Cleveland Ohio, April 10, 1991, reprinted in John D. Clough, Peter G. Studer, and Steve Szilagyi, eds., *To Act asa Unit: The Story of Cleveland Clinic*. 5th ed., (Cleveland: Cleveland Clinic, 2011), p. 15.

13 Clough et al, *To Act As A Unit*, p. 16.

14 Ibid., p. 12.

15 Ibid.

16 "Cleveland Clinic: A Short History," p. 2.

17 Kate Roberts, "Mayo Clinic: History," Minnesota Historical Society website, 2007.

18 *The Cleveland Clinic Way*, p. 7.

19 Romas Bausch et al., *Economic and Demographic Analysis for Cleveland, Ohio* (CCleveland: Cleveland Urban Observatory, 1974).

20 "Cleveland Clinic: A Short History," p. 5.

21 Ibid., p. 6.

22 Ibid., p. 7.

23 Ibid., p. 8.

24 Ibid., p. 7.

25 *To Act as a Unit*, pp. 168-69.

26 Ibid., p. 129.

27 "Cleveland Clinic: A Short History," p. 8.

28 Clough et al, *To Act as a Unit*, p. 129.

29 Ibid., p. 119.

30 Cosgrove, *The Cleveland Clinic Way*, p. 33.

31 Jerry Adler, "What Health Reform Can Learn from Cleveland Clinic,"*Newsweek*, November 26, 2009.

32 Clough et al, *To Act as a Unit*, p. 109. 33.Ibid., p. 110.

34 Ibid.

35 Solov, "From C's and D's to Clinic's Helm: At the Age of 63, Delos 'Toby' Cosgrove, Surgeon, Inventor, Go-to Guy (and Dyslexic), Finds the Job and Opportunity He's Been Looking For."

36 Ibid.

37 Bob Rich, *The Fishing Club: Brothers and Sisters of the Angle* (Guilford, CT: Lyons Press, 2006), pp. 220-21.

38 Ibid., pp. 222-23.

39 Ibid., p. 225.

40 Ibid., pp. 228-29.

41 Ibid., p. 231.

42 Solov, “From C’s and D’s to Clinic’s Helm: At the Age of 63, Delos ‘Toby’ Cosgrove, Surgeon, Inventor, Go-to Guy (and Dyslexic), Finds the Job and Opportunity He’s Been Looking For.”

43 Cosgrove, *The Cleveland Clinic Way*, p. 90.

44 Ibid., p. 91.

45 Ibid., p. xi.

46 Ibid., p. 91.

47 Ibid.

48 Ibid.

49 Cosgrove, *The Cleveland Clinic Way*, p. 119.

50 Ursus Wehrlii, "Tidying Up Art," Talk Video,22000066.www.ted.com.See also Penelope Green, "The Art of Unjumbling," *New York Times*, March 27, 201133, or Ursus Wehrli, *The Art of Clean Upp; Life Made Neat and Tidy* (San Francisco: Chronicle Books, 2013).

51 Clough et al, *To Act as a Unit*, p. 132.

52 Cosgrove, *The Cleveland Clinic Way*, p. 22.

53 Accenture, "Clinical Transformation: New Business Models for a New Era in Healthcare," September 27, 2012.

54 Cosgrove, *The Cleveland Clinic Way*, p. 4.

55 Clough et al, *To Act as a Unit*, p. 155.

56 Ibid., p. 133.

57 Ibid., p. 134.

58 Ibid.

59 "Abby Abelson, MD, Named Chair of Department of Rheumatology at Cleveland Clinic," Cleveland Clinic News Service, April 6, 2011.

60 Clough et al, *To Act as a Unit*, p. 136.

61 "A Common Purpose: Kate Medoff Barnett and Amy Belkin," *Harvard Business School Alumni Magazine*, June 5, 2013.

62 "Seth Podolsky, MD," Official Biography, Cleveland Clinic website.

63 "James Merlino, MD," Official Biography, Cleveland Clinic website.

64 Cosgrove, *The Cleveland Clinic Way*, p. 119.

65 Ibid., p. 126.

66 ibid., p. 114.

67 Ibid., p. 124.

68 Ibid., p. 114.

69 Ibid., p. 33.

70 For data on patient satisfaction see the *US News & World Report* surveys on hospitals. 2012-2015, http://health.usnews.com/best-hospitals/rankings. See also the HCAHPS (Hospital Consumer Assessment of Healthcare Providers and Systems) survey at www.cms.gov.

71 For some comparative data on healthcare costs see 2014 Hospital Costs Reports from the American Hospital Directory at www.ahd.com.

72 Clough et al, *To Act as a Unit*, p. 127.

73 Ibid.

74 Ibid., p. 159.

第8章

1 See "JPMorgan Chase Whale Trades: A Case History of Derivatives Risks and Abuses," Majority and Minority Staff Report, Permanent Subcommittee on Investigations, United State Senate, March 15, 2013, www.hsgag.senate.gov. This provides a comprehensive account of this saga.

2 The estimates of losses are drawn from the Senate 213 report,www.hsgag.senate.gov.

3 Anthony Effinger and Mary Childs, "From BlueMountain's Feldstein, a Win-Win with JPMorgan; After Betting Against, and Beating, the London Whale, Feldstein Did More than Just Make Money," Bloomberg, January 20, 2013.

4 Farah Khaliique, "The Whale," *Financial News*, December 7, 2012; Farah Khalique, "Unwinding the Whale Trade," *Finnancial News*, December 12, 2012.

5 See "JPMorgan Chase Whale Trades: A Case History of Derivatives Risks and Abuses," Majority and Minority Staff Report, Permanent Subcommittee on Investigations, United State Senate, March 15, 2013, www.hsgag.senate.gov.

6 Gillian Tett, *Fool's Gold* (New York: Simon & Schuster, 2009).

7 Ibid. See also Dan McCrum and Tom Braithwaite, "Restraint Pays Off for BlueMountain Chief," *Financial Times*, March 14, 2013.

8 John Seely Brown, "New Learning Environments for the 21st Century,"www.johnseelybrown.com/newlearning.

9 I explain this story in great detail in my book *Fool's Gold.*

10 Donald MacKenzie, "The Credit Crisis as a Problem in the Sociology of Knowledge," *American Journal of Sociology*, May 2011.

11 Ibid.

12 Jonathan Shapiro, "Exploiting Inefficiencies," *The Australian Financial Review*, June 6, 2013.

13 Effinger and Childs, "From BlueMountain's Feldstein, a Win-Win with JPMorgan; After Betting Against, and Beating, the London Whale, Feldstein Did More than Just Make Money." See also Tett, *Fool's Gold.*

14 "The Whale," *Financial News*, December 7, 2012.

15 David Rubenstein, BMCM, interview, *Global Investor*, September 1, 2013.

16 "JPMorgan Chase Whale Trades: A Case History of Derivatives Risks and Abuses," Majority and Minority Staff Report, Permanent Subcommittee on Investigations, United State Senate, March 15, 2013, p. 3.

17 Ibid., p. 260.

18 Ibid., p. 7; "JP Morgan Chase Whale Trade: A Case History of Derivatives Risks and Abuses," Senate committee investigation, p. 260, www.hsgag.senate.gov.

19 Stephanie Ruhle, Bradley Keoun, and Mary Childs, "JPMorgan Trader's Positions Said to Distort Credit Index," Bloomberg, April 6, 2012. See also Shannon D. Harrington, Bradley Keouun, and Christine Harper, "JPMorgan Trader Iksil Fuels Prop-Trading Debate with Bets," Bloomberg, April 9, 2012; Gregory Zuckerman and Katy Burne, "London Whale Rattles Debt Markets," *Wall Street Journal*, April 6, 2012.

20 "JPMorgan Chase Whale Trades: A Case History of Derivatives Risks and Abuses," Majority and Minority Staff Report, Permanent Subcommittee on Investigations, United State Senate, March 15, 2013. See pages 3-19 for a complete account of this.

21 MacKenzie, "The Credit Crisis as a Problem in the Sociology of Knowledge."

22 "Innovation and Collaboration at Merrill Lynch," Harvard Business School case study, March 26, 2007, p. 4.

23 Ibid., p. 7.

24 "Innovation and Collaboration at Merrill Lynch," p. 116.

25 Ibid., p. 19.

26 http://www.hanes.com/corporate.

結語

1 Marcel Proust, Remembrance of Rings Past, Volume 5, The Captive, Chapter 2, trans. C. K. Scott Moncrieff (New York: Random House, 1935).

2 To see a description of this from Lauren Talbot: https://www.youtube.com/watch?v=S6EvneIRiTo.

3 Douglas Romas and John Seely Brown, A New Cultureof Learn-ing (CreateSpace Independent Publishing Platform, 2011). See also www.johnseelybrown.com/newlearning.pdf.

4 Fareed Zakaria, In Defense of a Liberal Education (New York: W. W. Norton, 2015).

● 國家圖書館出版品預行編目資料

轂倉效應：為什麼分工反而造成個人失去競爭力、企業崩壞、政府無能、經濟失控？ / 吉蓮・邰蒂（Gillian Tett）著；林力敏譯 . -- 臺北市：三采文化，2016.02
352 面；14.8×21 公分 . --（Trend；35）
譯自：The Silo Effect: The Peril of Expertise and the Promise of Breaking Down Barriers
ISBN 978-986-342-547-2（平裝）

1. 組織管理

494.2　　104028094

suncolor 三采文化集團

Trend 35

轂倉效應：

為什麼分工反而造成個人失去競爭力、企業崩壞、政府無能、經濟失控？

作者｜吉蓮・邰蒂（Gillian Tett）
譯者｜林力敏
責任編輯｜林俊安
行銷企劃｜周傳雅
校對｜張秀雲
封面設計｜池婉珊
內頁排版｜中原造像股份有限公司

發行人｜張輝明
總編輯｜曾雅青
發行所｜三采文化股份有限公司
地址｜臺北市內湖區瑞光路 513 巷 33 號 8F
傳訊｜TEL：8797-1234　FAX：8797-1688
網址｜www.suncolor.com.tw
郵政劃撥｜帳號：14319060
戶名：三采文化股份有限公司
初版發行｜2016 年 2 月 3 日
17 刷｜2023 年 2 月 10 日
定價｜NT$420

suncolor

suncolor